50 WIENER INSEKTEN

DOMINIQUE ZIMMERMANN

50 WIENER INSEKTEN

Ein Querschnitt durch die Insektenvielfalt
der Stadt, illustriert von Silvia Ungersböck

Kuratiert von
Katharina Kropshofer

FALTER VERLAG

Entstanden aus einer Kolumne des Newsletters

FALTER .morgen

falter.at/morgen

ISBN 978-3-99166-035-4

1011 Wien, Marc-Aurel-Straße 9
T: +43/1/536 60-0
E: bv@falter.at, service@falter.at
W: faltershop.at

Autorin: Dominique Zimmermann

Kuratorin: Katharina Kropshofer

Illustration: Silvia Ungersböck

Lektorat: Cornelia Czaker

Grafik und Layout: Marion Großschädl, Nadine Weiner

Produktion: Sothany Kim

Druck: Florjančič tisk d.o.o., SL 2000 Maribor

FSC MIX Aus verantwortungsvollen Quellen FSC® C106954 www.fsc.org

Wir haben bei diesem Buch im Sinne der Umwelt
auf die Verpackung mit Plastikfolie verzichtet.

INHALT

ICH MÖCHTE IN KEINER WELT LEBEN,
IN DER STÄDTE NUR NOCH UNS MENSCHEN GEHÖREN ... 9

HABEN SIE WIEN SCHON „IN KLEIN“ GESEHEN? ... 12

WINTERLIBELLE ... 19

HAINSCHWEBFLIEGE ... 21

GEHÖRNTE MAUERBIENE ... 24

C-FALTER ... 27

HOLZWESPEN-SCHLUPFWESPE ... 31

SILBERFISCHCHEN ... 33

SCHWARZBLAUER ÖLKÄFER ... 37

DONAU-DÜSTERSANDBIENE ... 40

WASSERSKORPION ... 43

SCHWARZE HOLUNDER-BLATTLAUS ... 45

OSTERLUZEIFALTER ... 49

STEINHUMMEL ... 52

FEUERWANZE ... 55

GROSSES WIENER NACHTPFAUENAUGE ... 58

FELD-SANDLAUFKÄFER ... 61

SCHWARZHALSIGE KAMELHALSFLIEGE ... 64

FELDGRILLE ... 67

KLEINER LEUCHTKÄFER ... 71

KAISERLICHER KURZFLÜGLER ... 74

KÄFERZIKADE ... 77

BERNSTEIN-WALDSCHABE ... 80

ROSSKASTANIENMINIERMOTTE ... 84

GEMEINE SKORPIONSFLIEGE ... 87

BORSTIGE DOLCHWESPE ... 90

SECHSFLECK-WIDDERCHEN ... 93

ALPENBOCK ... 96

BIENENWOLF-GOLDWESPE ... 99

FEUERLIBELLE ... 102

GEMEINE RAUBFLIEGE ... 105

EUROPÄISCHE HORNISSE ... 108

MATTER PILLENWÄLZER ... 111

GEFLECKTFLÜGELIGE AMEISENJUNGFER ... 114

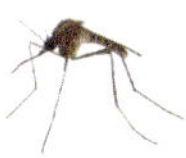

HAUSGELSE ... 117

GRÜNES HEUPFERD ... 120

EUROPÄISCHE GOTTESANBETERIN ... 123

GEMEINE ROSEN-GALLWESPE ... 127

HERBST-KÖCHERFLIEGE ... 130

GRÜNE FLORFLIEGE ... 133

GEMEINER OHRWURM ... 136

TOTENKOPFSCHWÄRMER ... 139

GEMEINER TOTENGRÄBER ... 143

WÖLKCHEN-STEINFLIEGE ... 146

GROSSER FROSTSPANNER ... 149

WINTERHAFT ... 153

WINTERMÜCKE ... 156

KATZENFLOH ... 158

ROTE WALDAMEISE ... 161

LINDENWANZE ... 165

SIEBENPUNKT-MARIENKÄFER ... 168

BLAUSCHWARZE HOLZBIENE ... 171

GLOSSAR ... 177

10 TIPPS FÜR EINEN INSEKTENFREUNDLICHEN GARTEN ... 183

DANKSAGUNG ... 186

AUTORIN, KURATORIN ... 187

ILLUSTRATORIN ... 188

ICH MÖCHTE IN KEINER WELT LEBEN,

in der Städte nur noch uns Menschen gehören

Wir Menschen neigen dazu, Städte als Räume zu betrachten, die uns allein gehören. Als Konstruktionen von Menschen für Menschen, in denen Natur höchstens in Resten vorkommt: ein Park, ein Straßenbaum, ein schmaler Grünstreifen. Doch ist das wirklich so? Oder bewegen wir uns mit Scheuklappen durch Gassen und Hinterhöfe, über Plätze und Brachen?

Denn tatsächlich lebt mit uns eine Vielzahl anderer Arten in der Stadt. Nicht zufällig, nicht bloß übrig geblieben, sondern oft ganz bewusst. Viele von ihnen wissen die von uns geschaffenen Strukturen zu schätzen: Dächer und Dachböden, Gärten und Balkone, Ritzen und Winkel – und ja, auch die Parks und Naturgebiete sind ein wichtiger Bestandteil. Eine Stadt beherbergt eine Vielzahl an Lebensräumen und kleinen Mikrohabitaten. Und die meisten ihrer Bewohner haben sechs Beine. Wien gehört darüber hinaus zu den wenigen europäischen Hauptstädten mit einem Nationalpark im Stadtgebiet.

Insekten sind die artenreichste Tiergruppe der Erde – auch in Wien kommen mehrere tausend Arten vor. Die meisten von ihnen bleiben unbemerkt. Sie sind klein, leise, oft nur für kurze Zeit sichtbar. Dabei ist es schön und erzeugt Verbundenheit zu unserem Wohnort, auch unsere sechsbeinigen Nachbarinnen und Nachbarn zu kennen. Ihnen auf Augenhöhe zu begegnen, zu fragen: Wer bist du? Wie lebst du? Warum fühlst du dich gerade hier wohl? Was setzt dir zu? Und vielleicht auch: Was habe ich dir zu verdanken?

Der Matte Pillenwälzer, der den Dung weidender Schafe weiterverarbeitet etwa (siehe Seite 111); oder die Gehörnte Mauerbiene (Seite 24), die im Frühjahr die Blüten eines Apfelbaums bestäubt; die Larve einer Hausgelse (Seite 117), die einem Jungfisch als Nahrung dient – jede dieser Interaktionen ist einer der feinen Fäden, aus denen unser Ökosystem gewoben ist. Das Ökosystem, von dem wir leben, auch wenn wir es im Alltag oft vergessen. Damit ist auch jede der Arten in diesem Buch eine, mit der wir in gewisser Weise in Beziehung stehen.

Dieses Buch möchte eine Lupe sein, die einige der Wunder im Kleinen sichtbar macht. Nicht, dass wir schon alle kennen würden – im Gegenteil. Kaum eine Tiergruppe ist so vielfältig und zugleich so wenig erforscht wie die der Insekten. Es gibt noch unzählige offene Fragen, unbekannte Zusammenhänge, unentdeckte Arten. Umso mehr braucht es Menschen, die genau hinschauen. Menschen, die Insekten kennenlernen und die zumindest einen winzigen Ausschnitt dieser Vielfalt erkennen und benennen können.

Vielleicht macht Sie dieses Buch neugierig. Vielleicht vertieft es ein bereits bestehendes Interesse. Vielleicht ist es der erste Schritt, selbst tiefer einzutauchen. Die Welt braucht Artenkenner:innen. Wissenschaftliche Sammlungen wie jene des Naturhistorischen Museums, wo ich arbeite, können dafür als Grundlage dienen: Sie dokumentieren die biologische Vielfalt der Welt, auch jene Wiens, und stellen dieses Wissen sowohl Forschung als auch Öffentlichkeit zur Verfügung.

Sich auf diese Welt im Kleinen einzulassen, ist auch ein wertvoller Beitrag zu einer nachhaltigeren Zukunft. Denn der Wert der Natur wird noch immer massiv unterschätzt.

Und Veränderungen bewirken wir dabei nicht nur durch unseren ökologischen Fußabdruck, also durch den bewussten Umgang mit Ressourcen, sondern auch durch unseren ökologischen Handabdruck – unser aktives Engagement in der Gesellschaft. Dazu gehört, über Insekten zu sprechen, ihre Vielfalt und ihre Lebensweisen sichtbar zu machen, ihnen eine Stimme zu geben und uns für eine Welt einzusetzen, in der auch den kleinsten Wesen ein Raum zugestanden wird. Und nicht zuletzt: Kindern Erlebnisse in der Natur zu ermöglichen – denn kaum etwas prägt unser späteres Denken stärker. Sie treffen unsere Entscheidungen von morgen.

Umso schöner ist es, dass ein Verlag, der sich „Falter" nennt, seinen Blick nun auch auf die echten Tag- und Nachtfalter und ihre vielfältigen sechsbeinigen Verwandten richtet. Ihre Zukunft ist eng mit der unsrigen verwoben. Ich möchte in keiner Welt leben, in der Städte nur noch uns Menschen gehören. Und ich bin überzeugt: Der Blick auf diese Tiere, die die Erde schon so viel länger als wir bewohnen, die über Millionen Jahre hinweg unzählige Wege gefunden haben, hier zu existieren, kann unser Leben bereichern – und vielleicht sogar ein kleines bisschen verändern.

Let's coexist!

Dominique Zimmermann, Jänner 2026

HABEN SIE WIEN SCHON „IN KLEIN“ GESEHEN?

Haben Sie sich schon einmal überlegt, mit wie vielen Organismen Sie an einem durchschnittlichen Tag zu tun haben? Wie viele Milben und Ameisen Sie am Weg in die Arbeit versehentlich zerquetschen? Wie viele Mitbewohner – Silberfischchen, Fruchtfliegen, oder Spinnen – in Ihrer Küche oder in Ihrem Badezimmer leben? Welch Vielzahl an Mükken und Fliegen und Wespen und Käfer und Schmetterlingen und Wildbienen und Tausendfüßlern und Flöhen und Springschwänzen in Ihren Beeten und Blumentöpfen hausen?

Aus meiner Sicht lassen sich Menschen dabei ganz gut in zwei Kategorien gliedern: Für die einen ruft der Gedanke an die unzähligen uns umgebenden Insekten Ekel, Irritation oder gar Angst hervor. Ekel vor kleinen, unheimlichen Wesen, die sich über unsere Haut bewegen, uns kitzeln oder sogar nach Futter absuchen. Irritation, weil uns allein der Gedanke an das hohe, säuselnde Geräusch einer Mücke zusammenzucken lässt, noch bevor uns ihre Stiche tagelang jucken. Angst, wenn wir an Krankheiten denken, die manche Insekten übertragen, oder sogar an die lebensgefährlichen Folgen von Bissen mancher Spinnenarten (die übrigens nicht zu den Insekten gehören) – zumindest dann, wenn wir beim Urlauben in fernen Ländern auf sie treffen.

Doch es gibt noch eine andere, viel schönere Haltung, und das ist die zweite „Kategorie“ Menschen: Faszination.

Dass Dominique Zimmermann zur zweiten Kategorie gehört, wird spätestens dann klar, wenn man ihr Büro betritt. Sie ist einer jener Menschen, die von der Begeisterung für Insekten sogar leben können. Noch dazu kann sie diese Faszination mit anderen teilen, verständlich machen und vermehren – egal wie viel Vorwissen ihr Gegenüber mitbringt. Zimmermann ist Kuratorin und Wissenschaftlerin für Stechimmen, sprich Bienen, Stechwespen, Ameisen. Eine Frage genügt, schon öffnen sich die Schubladen des Naturhistorischen Museums Wien (ihr Arbeitsplatz) genauso wie jene zu ihrem Hirn voller Insektenwissen.

Zum Beispiel an diesem Oktobertag. Ein Poster an der Wand hinter ihrem Schreibtisch zeigt eine Reihe handgroßer Aliens. Sie biegen ihren Hinterleib nach vorne, die riesigen Komplexaugen hypnotisieren, ihre Körper und Körperanhänge verschiedenster Länge schimmern in gewaltigen Farben – zumindest auf den ersten Blick. Die Aliens sind eigentlich parasitoide Wespen, deren Lebensweise an Horrorfilme erinnert. Sie legen ihre Eier auf oder in andere Insekten, damit sich die schlüpfenden Larven von ihnen ernähren können.

Wer das Poster genau betrachtet, bemerkt neben den schimmernden Sonderlingen auch noch einen winzigen schwarzen Punkt: die Originalgröße der Tiere. Genau das macht die Arbeit von Insektenforscher:innen wie Zimmermann so herausfordernd. Wie bitte soll man Begeisterung für etwas schaffen, das sich unserer Aufmerksamkeit allein schon aufgrund der Größe entzieht und nur in unser Sichtfeld gelangt, wenn es beginnt, unangenehm zu werden?

Museen sind ein Ort für diese Faszinationsweitergabe. Sie beherbergen eine gewaltige Vielfalt und haben die Aufgabe, diese zu bewahren. Das gilt auch für das Naturhistorische Museum Wien. Die Anfänge des Museums liegen im 18. Jahrhundert, als Franz Stephan von Lothringen, der Mann Maria Theresias, die damals weltgrößte Sammlung ankaufte. Seither ist die Museumssammlung um drei Nullen gewachsen: von 30 Tausend auf 30 Millionen Fische, Amphibien, Mineralien, getrocknete Pflanzen, anthropologische Objekte und eben auch Insekten, sorgfältig genadelt in Holzladen.

Etliche von ihnen sind in der freien Wildbahn schon ausgestorben. Zum Beispiel *Ameles fasciipennis,* eine Gottesanbeterin, die ein Sammler im 19. Jahrhundert aus Italien mitgebracht hat. Das Exemplar ist ein sogenannter Holotypus: An ihm wurde diese Art beschrieben und gleichzeitig ist es das einzige Exemplar, das man von dieser Art kennt. Andere Insekten haben Forscher:innen direkt in Wien beschrieben und gesammelt: Der Springschwanz *Megalothorax sanctistephani* wurde 1998 von dem Bodenbiologen Erhard Christian beschrieben. Sein Name verweist auf den Fundort Stephansdom.

Und da haben wir noch nicht von den vielfältigen Lebensräumen der Stadt gesprochen: von der Lobau im Süden über den Wienerwald im Westen hin zu Trockenrasen im Osten und Weinbaugebieten; dazu noch Kleingärten, totholzreiche Flächen, kleine und große Parkanlagen. Je mehr Lebensräume es gibt, desto höher die Insektenvielfalt.

Wir wissen, dass allein in Wien 500 verschiedene Wildbienenarten nachgewiesen sind. Zum Vergleich: In ganz Österreich sind es 700, in Deutschland an die 600. Urbane Gebiete sind oft sogar artenreicher als Gegenden außerhalb der Stadt, in denen etwa einfältige Landwirtschaft dominiert. Kleinstrukturiert und dicht bieten Städte Futterpflanzen und Unterschlupf – die Distanz zwischen Nest und Nahrung bleibt klein. Natürlich gibt es auch hier viele versiegelte Flächen, Überdüngung oder fremde Zierpflanzen, mit denen heimische Insekten nichts anfangen können. Aber das Bewusstsein für mehr Artenvielfalt in Gärten und Grünflächen steigt (eine Anleitung dazu finden Sie übrigens auf Seite 182). Denn immer mehr Leute wissen: Geht es den Insekten gut, profitieren auch die Menschen. Nicht nur von der Blütenvielfalt, auch von einer besseren Bestäubung, einem Ökosystem, das in Balance ist – und so übrigens im besten Fall die „nervigen“ Tiere in Schach hält.

Als Hüterin der Insektenvielfalt schafft Zimmermann aber nicht nur Ordnung in den Schränken der Museen, sie weiß ganz genau, wann es sich auszahlt, im Alltag die Lupe zu ziehen. Ein Jahr lang hat sie jeden Dienstag im Falter.*morgen*-Newsletter eine neue Insektenart vorgestellt, die man in Wien antreffen kann. Daraus ist nun dieses Buch entstanden. Ich wünsche viel Spaß beim Erkunden der mikroskopischen Welt und hoffe, dass es Ihnen gelingt, vom „Ihhh“ zum „Ahhh“ zu kommen!

Katharina Kropshofer, Jänner 2026

Auf den folgenden Seiten veranschaulicht eine graue Silhouette bei jeder Beschreibung die tatsächliche Größe des Insekts.

Grün hervorgehobene Begriffe im Text werden im Glossar auf Seite 177 erklärt.

50 WIENER INSEKTEN

WINTERLIBELLE

(Sympecma fusca)

Eisprinzessin im Dornröschenschlaf

Lange bevor Vögel den Himmel eroberten, gehörte er den Insekten. Unter ihnen ragten die Libellen besonders hervor. Vor rund 300 Millionen Jahren schwirrten gigantische Ur-Libellen mit einer Flügelspannweite von bis zu 70 Zentimetern durch die Luft – ein lebensgroßes Modell einer Riesenlibelle können Sie übrigens im Paläozoikum-Saal des Naturhistorischen Museums Wien bestaunen.

Heute unterscheidet man in Europa zwei große Gruppen: die Großlibellen, deren Flügel in Ruhestellung seitlich abstehen, und die Kleinlibellen, die ihre Flügel über dem Körper zusammenfalten. Zu Letzteren zählt auch die Gemeine Winterlibelle *(Sympecma fusca)*. Sie ist von anderen Libellenarten leicht zu unterscheiden, da sie beide Flügelpaare auf einer Seite des Hinterleibs zusammenklappt.

Während die meisten Libellen als Larven im Wasser überwintern, überdauert die Winterlibelle die kalten Monate in ihrer ausgewachsenen Form. Dabei klammert sie sich an einen Schilfhalm oder an eine andere Pflanze in Gewässernähe. Sobald es kühler wird, krabbelt sie Richtung Boden. Für alle mit Garten und Teich bedeutet das: Schilf und andere Uferpflanzen im Herbst bitte nie vollständig zurückschneiden!

Die Winterlibelle selbst wird dabei von Schnee bedeckt, die Temperaturen sinken unter den Gefrierpunkt, Eiskristalle bilden sich auf ihrem Körper – doch

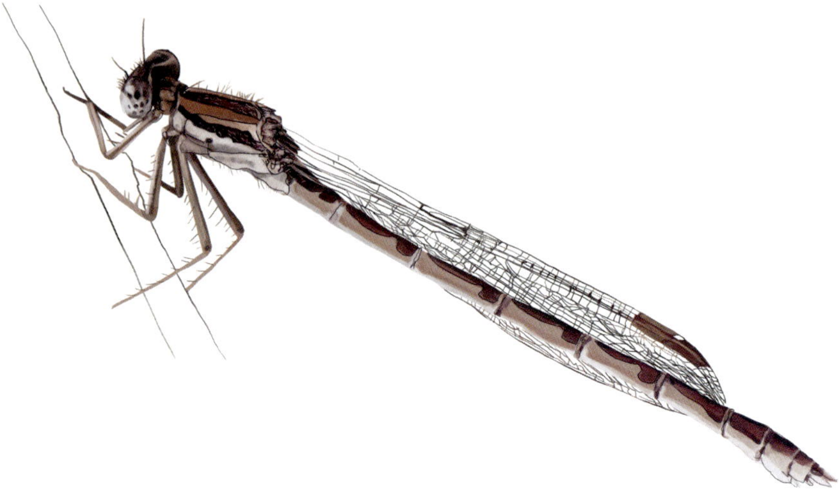

Winterlibelle

sie überlebt. Wie genau sie das macht, ist bisher nicht erforscht. Bei einigen anderen Insektenarten senken Glycerin (ein Zuckeralkohol) oder bestimmte Eiweiße im Blut den Gefrierpunkt. Schon ab etwa sechs Grad Celsius beginnt sich die Libelle langsam zu regen und krabbelt der Sonne entgegen. Sobald kräftige Sonnenstrahlen sie wärmen, erwacht sie vollständig und steigt in die Luft auf. Durch diese Strategie vermeidet sie, von Feinden wie Fischen oder Vögeln gefressen zu werden – schließlich sind diese nicht zur gleichen Zeit aktiv. Optisch ist die Winterlibelle nicht unbedingt auffällig, sie setzt auf ein „Tarnbraun". Doch zur Paarungszeit wird es ein wenig bunter: Die Augen bekommen dann einen strahlend blauen Punkt – wie schön!

Wie Tiere Frost überstehen

Libellenaugen

Die Umweltspürnasen (ein Verein, in dem Biolog:innen mit Kindern auf Entdeckungstour in die Natur gehen) konnten an einem milden Wintertag im Prater nahe dem Lusthaus bereits Ende Januar eine Winterlibelle bestaunen. Entdeckt hat sie ein Kind, welches sie vorsichtig einfing. Wissenschaftliche Studien zeigen, dass Naturerlebnisse in der Kindheit der stärkste Faktor sind, um Menschen zu umweltfreundlichem Verhalten zu motivieren. Wer weiß: Vielleicht haben Sie ja an einem sonnigen Tag auch Zeit, um mit Kind und Becherlupe aufzubrechen!

Umwelt-
spürnasen

HAINSCHWEBFLIEGE

(Episyrphus balteatus)

Gelb-schwarz gestreifte Flügkünstlerin

Es gibt ein Insekt, das mir immer gute Laune macht. Es ist schwarz-gelb gestreift und gleich vorab: Nein, es ist keine Wespe. Aber es tut ein bisschen so, als ob. Die Rede ist von Schwebfliegen, genauer gesagt von der Hainschwebfliege *(Episyrphus balteatus)*, der häufigsten Schwebfliegen-Art Wiens.

Schwebfliegen haben eine besondere Überlebenstaktik: Sie ahmen die Färbung von Wespen nach, um sich so besser vor Fressfeinden zu schützen. Glaubt ein Vogel etwa, dass er es mit einer Wespe zu tun haben könnte, macht er aus Angst vor einem schmerzhaften Stich lieber einen Bogen um das Tier. Tatsächlich aber ist die Hainschwebfliege eines der harmlosesten Insekten. Sie kann weder stechen noch beißen, und im Gegensatz zu Käfern hat sie nicht mal einen schützenden Panzer.

Wer genau hinschaut, erkennt sie trotz warnender Färbung leicht als Fliege: Sie hat nur zwei Flügel (Wespen haben vier), sehr kurze Fühler (wespenartige Insekten haben deutlich längere) und keine Wespentaille. Unter den Schwebfliegen erkennt man die Hainschwebfliege an der schwarzen, häufig schnurrbartartigen Zeichnung des honiggelben Hinterleibs.

Gute Laune macht mir aber vor allem ihr Verhalten. Schwebfliegen gehören zu den größten Flugkünstlern unter den Insekten. Rückwärts, seitwärts, kein Problem, auch nicht, in der Luft rumzustehen (Sie sehen, die gute Laune bringt mich sogar zum Reimen). Scheucht man sie beim Nektarschlürfen auf, fliegt sie hoch und bleibt erstmal (empört?) Aug in Aug vor einem in der Luft stehen. Mit bis zu 300 Flügelschlägen pro Sekunde.

Gute Laune sollte ihre Anwesenheit auch Balkon- und Gartenbesitzer:innen machen, denn ihre Larven sind hungrige Blattlausjäger. Rund 400 Blattläuse fallen einer einzigen Larve im Laufe ihrer Entwicklung zum Opfer. Sie sind so effektiv, dass sie im biologischen Pflanzenschutz sogar gezielt eingesetzt werden. Wer jedoch genügend naturnahe Ecken im Garten hat, bekommt diesen Service ganz umsonst. Sobald die Schwebfliegen schlüpfen, bestäuben sie ganz nebenbei auch noch Pflanzen in Ihrem Garten.

Besonders gut für Insekten sind übrigens heimische Wildpflanzen. Hainschwebfliegen lieben Flockenblu-

Hainschwebfliege

Blüten-
besuch

Gärtnerei
Distelfink

men, Rainfarne, Färber-Kamille und Feld-Mannstreu (etliche weitere Arten finden Sie, wenn Sie dem QR-Code folgen). Obwohl heimische Wildpflanzen optisch durchaus auch einiges hergeben, sind sie meiner Erfahrung nach in Gärtnereien gar nicht so leicht zu bekommen. Die Gärtnerei Distelfink ist in dieser Hinsicht ein Geheimtipp. Sie ist unter anderem bei der Raritätenbörse im Botanischen Garten vertreten.

Die Hainschwebfliege ist übrigens schon im Februar unterwegs, weshalb sie auch „Winterschwebfliege" genannt wird. Doch nicht alle bleiben den Winter über hier: Ein Teil der Population fliegt im Herbst in den Süden – ins Mittelmeergebiet, wo sie sich weiter vermehren. Im Frühjahr kehren ihre Nachkommen über die Alpen zurück. Genau rechtzeitig, damit sich deren Larven über die ersten Blattlauskolonien hermachen können.

GEHÖRNTE MAUERBIENE

(Osmia cornuta)

Eine anspruchslose Super-Bestäuberin

Vielleicht sind unter Ihnen einige frischgebackene Bienenmütter und -väter. Wer im vergangenen Frühling eine Nisthilfe gebastelt oder gekauft und sie an einem geeigneten Standort aufgehängt hat, wird Anfang März mit etwas Glück belohnt und kann beobachten, wie die Gehörnte Mauerbiene *(Osmia cornuta)* aus den angebotenen Röhrchen schlüpft. Ich kenne niemanden, der das miterlebt hat und davon nicht gerührt war. Bis zu einer Stunde kann das Öffnen der zugemauerten Brutzelle dauern – also genug Zeit, um neben dem Staunen auch ein paar tolle Fotos und Videos zu machen.

Mit ihrem fuchsroten Hinterleib, schwarzen Kopf und Rumpf, dicht behaart, fast wie eine kleine Hummel, ist sie eines der auffälligsten Frühlingsinsekten im Siedlungsbereich. Schaut man genauer hin, erkennt man die Weibchen an den zwei kleinen, namensge-

Gehörnte Mauerbiene

benden Hörnchen, die aus dem schwarz behaarten Gesicht hervorragen, während das der Männchen unbehornt und weiß behaart ist.

Nisthilfen-Bauanleitung

Die Männchen schlüpfen ein paar Tage früher und erwarten die Weibchen meist schon am Nisteingang, um sich mit ihnen zu verpaaren. Danach machen sich die Weibchen auf die Suche nach geeigneten Nistplätzen – also schnell noch Bambusstängel, Schilfstängel oder Pappröhrchen besorgen und ans Basteln machen! Nicht alle Nisthilfen sind gleich gut geeignet, vor allem viele aus dem Baumarkt sind unbrauchbar. An der Seite des Textes finden Sie eine Anleitung für eine Nisthilfe in einer Metalldose sowie einen ausführlichen Insektenhotel-Rundumschlag.

... und weitere Insektenhotel-Tipps

Doch die Gehörnte Mauerbiene will nicht nur einen Nistplatz, sie braucht bei der Suche auch Nahrung. Sie besucht verschiedene Frühlingspflanzen gerne, etwa blühende Obststräucher, Traubenhyazinthen, Schlüsselblumen und Löwenzahn. Den Pollen sammelt sie übrigens in einer Bauchbürste und nicht wie die Honigbiene in einem „Körbchen" an den Hinterbeinen.

In einer Niströhre legt die Gehörnte Mauerbiene dann mehrere Brutzellen hintereinander an, getrennt durch ein Gemisch aus Drüsensekret und feuchtem Sand oder Lehm. Jede enthält ein Pollen-Nektar-Paket und ein Ei. Dabei kann die Biene (gleich wie Ameisen und Wespen) das Geschlecht steuern. Nach der Paarung speichert das Weibchen Samenzellen in einer Samentasche und entscheidet bei der Eiablage, ob es sie nutzt – Weibchen schlüpfen aus befruchteten, Männchen aus unbefruchteten Eiern. Es legt die unbefruchteten Eier immer in die äußeren Zellen, da die Männchen ein paar Tage früher schlüpfen.

Die Gehörnte Mauerbiene ist zwar eine Wildbiene, aber so anspruchslos, dass sie sogar gezüchtet und zur Bestäubung von Obstbäumen wie Äpfeln und Birnen eingesetzt wird. Sie fliegt bei niedrigeren Temperaturen als die Honigbiene (ab 10 Grad Celsius) und hat beim Blütenbesuch auch einen intensiveren Kontakt mit dem Stigma, was zu einer effizienteren Bestäubung[1] führt. Fakt ist: Jeden Apfel, den wir essen, verdanken wir einer Biene oder Schwebfliege, die die Blüte bestäubt hat – und viele sicherlich auch der Gehörnten Mauerbiene. Wenn man sich das bewusst macht, schmeckt der Apfel gleich noch besser.

C-FALTER

(Polygonia c-album)

Schmetterlingsbestimmung für Anfänger

Schmetterlinge sind oft der Einstieg: schön, farbenfroh und lieblich durch die Luft flatternd wecken sie bei vielen die erste Begeisterung für Insekten. Ich muss gestehen, dass ich diese Phase übersprungen habe und mich beschämend wenig mit ihnen auskenne (vor allem für eine Insektenkundlerin). Umso dankbarer bin

1 Pardo, A., Borges, P.A.V. (2020): Worldwide importance of insect pollination in apple orchards: A review, Agriculture, Ecosystems & Environment 293, 106839.

ich, wenn sich die Falter quasi selbst „beschriften" – wie der C-Falter *(Polygonia c-album)*. Ein Blick auf die braune Unterseite seiner Flügel genügt, dort verrät ein zartes weißes „C" seine Identität. Die Engländer:innen sehen darin übrigens einen Beistrich und nennen ihn „Comma".

Die Oberseite seiner Flügel ist, so wie bei den meisten Tagfaltern, schön auffällig gefärbt: leuchtend orange mit markanter brauner Zeichnung. Auch die Färbung der Raupe des C-Falters ist spannend. Sie durchläuft fünf Entwicklungsstadien. Während sie in den ersten drei Stadien unauffällig bleibt, legt sie im vierten und fünften Stadium eine drastische optische Veränderung hin: Sie ist dann mit Dornen versehen, orange-schwarz und mit einem fetten weißen Fleck auf dem hinteren Teil des Körpers. Dieser erinnert tatsächlich an – Vogelkot!

Die C-Falter-Raupe

Doch ist das wirklich Tarnung, wie viele annehmen? Auch Wissenschaftler:innen haben sich diese Frage gestellt: In einer Studie[2] bekamen junge, unvoreingenommene Hühnerküken C-Falter-Raupen zum Fraß angeboten. Die Küken lernten schnell, ältere Raupen zu meiden. Das lag jedoch nicht daran, dass sie sie nicht als Raupe erkannten, noch an irgendeinem Gift oder dem Geschmack, sondern an den Dornen, die beim Fressen wohl ziemliche Schmerzen verursachten. Entfernten die Forscher:innen diese Dornen

2 Nylin, S. et al. (2001): Ontogeny of Defense and Adaptive Coloration in Larvae of the Comma Butterfly, *Polygonia C-Album* (Nymphalidae). Journal of the Lepidopterists' Society 55(2), 69-73.

C-Falter

von den toten Raupen, verspeisten die Vögel sie gerne. Die Forschenden schlussfolgerten: Der weiße Fleck ist womöglich gar keine Tarnung, sondern eine Warnung – ähnlich wie die Signalfarben von Wespen. Wer einmal die schmerzhafte Erfahrung macht, lernt schnell, dieses stachelige Ding in Zukunft zu meiden.

Die Raupen selbst sind beim Fressen nicht so zimperlich: Als Nahrungspflanze lieben sie Brennnessel, wie übrigens mehr als 50 andere Tagfalterarten auch, darunter das Landkärtchen, das Tagpfauenauge, der Admiral und der Kleine Fuchs. Ein wild wucherndes Brennnessel-Eck im Garten lockt also die schönsten Schmetterlinge an.

Selten ist der C-Falter übrigens nicht. Er gehört zu den Schmetterlingsarten, die vom Klimawandel profitieren, und breitet sich relativ schnell und erfolgreich nach Norden aus. So konnte er etwa seit der Jahrtausendwende Ostfriesland und Mittelnorwegen besiedeln – Gebiete, in denen er zuvor nicht vorkam. Dass die Brennnessel seine wichtigste Nahrungspflanze ist, gehört dabei zu seinem Erfolgsrezept. Im Gegensatz zu Arten, die auf selten gewordene Pflanzen spezialisiert sind, muss er nicht allzu lange suchen, um das nächstgelegene Fressen zu finden. In Wien ebenso wenig wie im hohen Norden.

HOLZWESPEN-SCHLUPFWESPE

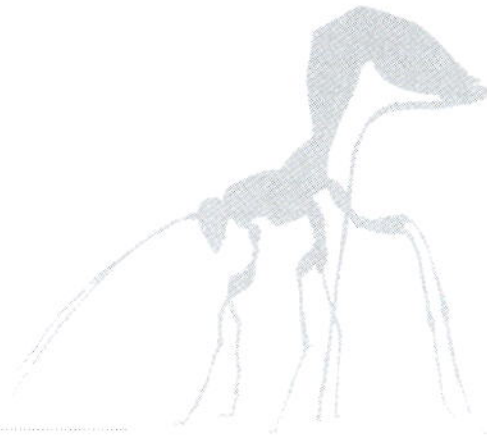

(Rhyssa persuasoria)

Wie man Insekt des Jahres wird

Heute geht es um eine richtige Celebrity unter den heimischen Insekten, eine Art, die 2025 zum Insekt des Jahres gewählt wurde. Bereits seit 1999 stellen jährlich Vertreter:innen von Forschungsinstitutionen und Naturschutzorganisationen eine Art in Österreich, Deutschland und der Schweiz ins Rampenlicht. 2025 war es die Holzwespen-Schlupfwespe *(Rhyssa persuasoria)*. Ihr deutscher Name geht fast als Zungenbrecher durch (sagen Sie ihn schnell mehrmals hintereinander!). Als Mitglied der Familie der Schlupfwespen gehört sie zu einer faszinierenden, aber wenig bekannten Insektengruppe. Schlupfwespen haben eine Lebensweise, die ein wenig klingt, als wäre sie einem Horrorfilm entsprungen (dabei ist es genau umgekehrt, die Filmbranche lässt sich oft aus dem Repertoire der Natur inspirieren): Sie legen ihre Eier in oder auf andere Insekten, damit sich die schlüpfenden Larven von ihnen ernähren können.

Flyer zum Insekt des Jahres 2025

Die Holzwespen-Schlupfwespe hat sich auf die Larven der holzbohrenden Holzwespe spezialisiert. Mit ihren langen Antennen spürt sie diese unter der Rinde auf – nicht etwa, indem sie die Larven selbst riecht, sondern indem sie einen holzzersetzenden Pilz wahrnimmt, der mit der Holzwespe in Symbiose lebt. Wird sie fündig, so bohrt sie mit ihrem langen Legestachel mehrere Zentimeter tief ins Holz und legt ihr

Video der Schlupfwespe

Holzwespen-Schlupfwespe

Ei direkt auf die Larve ab. In Wien können Sie dieses kleine Naturereignis mit etwas Glück im Lainzer Tiergarten beobachten.

Diese Art der Fortpflanzung nennt man parasitoid. Im Gegensatz zu „gewöhnlichen" Parasiten töten Parasitoide ihren Wirt am Ende ihres Entwicklungszyklus. Das klingt zwar brutal, ist aber ökologisch äußerst wichtig. Schlupfwespen regulieren nämlich auf natürliche Weise Insektenpopulationen und können sogar gezielt gegen Motten oder Blattläuse eingesetzt werden.

Trotz ihrer wichtigen Rolle im Ökosystem gehören parasitoide Wespen zu den am wenigsten erforschten

Insektengruppen. Sie sind oft klein, bräunlich oder schwarz, und haben das Interesse nie so auf sich gezogen wie etwa farbenprächtige Käfer oder Schmetterlinge. Während weltweit etwa 400.000 Käferarten bekannt sind, kennen wir bisher nur etwa 70.000 parasitoide Wespenarten – doch Wissenschaftler:innen vermuten[3], dass ihre Artenzahl jene der Käfer sogar übertreffen könnte!

Doch zurück zu den Schlupfwespen. Schon Charles Darwin beschäftigte ihre aus menschlicher Sicht grausame Lebensweise und ließ ihn an der Existenz eines wohlwollenden Gottes zweifeln. Doch letztlich folgt die Holzwespen-Schlupfwespe – wie alle Lebewesen – nur einem Ziel: ihren Nachwuchs bestmöglich zu versorgen. Dabei übernimmt sie eine unverzichtbare Rolle im Ökosystem. Und das gehört gewürdigt!

SILBERFISCHCHEN

(Lepisma saccharina)

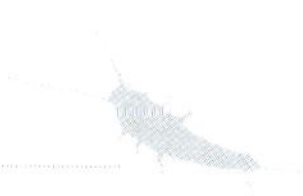

Ein bescheidener Verführungskünstler

Wer hat es nicht schon mal gesehen – ein kleines, silbrig glänzendes „Fischchen“, das im Bad oder auf dem Klo davonhuscht, sobald man das Licht aufdreht. Gemeint ist das Silberfischchen (*Lepisma saccharina*).

[3] Forbes, A.A., Bagley, R.K., Beer, M.A. et al. (2018): Quantifying the unquantifiable: why Hymenoptera, not Coleoptera, is the most speciose animal order. BMC Ecol 18, 21.

Seine Antennen sind auffallend lang und am Hinterleib trägt es drei feine Schwanzanhänge. Es ist ein recht urtümliches Insekt und gehört zu einer Linie, die sich von allen anderen abspaltete, noch bevor Insekten Flügel entwickelten.

Silberfischchen sind **Kulturfolger** und kommen heute fast überall auf der Welt in menschlichen Behausungen vor. Doch wo kommen sie ursprünglich her? Tatsächlich stammen sie aus Süd- und Mitteleuropa[4] und leben hierzulande auch in der Natur – etwa in Kiefern-, Kastanien- und Eichenwäldern, wo sie sich unter Steinen oder Rinde, im Laub oder in Tannenzapfen verstecken. Darüber hinaus schätzen sie nicht nur das Zusammenleben mit Menschen – auch in Ameisenbauten[5], etwa jenen der Roten Waldameisen, nisten sie sich manchmal ein.

Besonders faszinierend finde ich das ungewöhnliche Liebesspiel des Silberfischchens[6]. Während es bei manchen Insektenarten durchaus ruppig zugeht, werben Silberfischchen-Männchen sehr zurückhaltend um die Weibchen: Kopf an Kopf stehen sie einander gegenüber, die Antennen zittern, berühren sich – minutenlang! Dann läuft das Männchen davon, das Weibchen folgt, berührt seine Hinterleibsanhänge,

[4] Molero-Baltanas, R. et al. (2024): Worldwide revision of synanthropic silverfish (Insecta: Zygentoma: Lepismatidae) combining morphological and molecular data. Journal of Insect Science 34, 1.

[5] Molero-Baltanás, R., Gaju-Ricart, M. & Robla, J. (2025): Diversity hidden in nests: worldwide account of nidicolous silverfish (Insecta: Zygentoma). Insect. Soc. 72, 243–267.

[6] Sturm, H. (1956), Die Paarung beim Silberfischchen *Lepisma saccharina*. Zeitschrift für Tierpsychologie 13, 1-12.

Silberfischchen

woraufhin das Männchen sich ihr blitzartig wieder zuwendet und an ihr entlang streicht. Dieses Ritual wiederholt sich mehrmals – je öfter, umso erregter wird das Männchen. Schließlich spannt das Männchen feine Seidenfäden zwischen Boden und Wand und legt dazwischen eine winzige Spermatophore ab. Das Weibchen bewegt sich, geleitet von den Fäden, mit dem Hinterleib über genau diese Stelle und tupft die Spermatophore auf, um damit ihre Eier zu befruchten. Körperkontakt gibt es also nur beim Vorspiel.

5 Minuten Podcast zum Silberfischchen

Silberfischchen brauchen mindestens vier Monate, meist jedoch rund ein Jahr, bis sie geschlechtsreif sind. Sie können bis zu vier Jahre alt werden – ein beachtliches Alter für ein so kleines Insekt. Sie lieben Wärme und hohe Luftfeuchtigkeit, weshalb sie sich in Wohnungen vor allem in Badezimmern wohlfühlen. Dort ernähren sie sich bescheiden von Hausstaubmilben, Schimmelpilzen und Haaren. Im Grunde sind sie also kleine Putzgehilfen. Und wenn gerade wenig anfällt, können sie monatelang fasten.

Manchmal finden sie auch außerhalb des Badezimmers ideale Bedingungen, etwa in Museen oder historischen Gebäuden, wo sie in kleinen Ritzen und Spalten Unterschlupf finden. Dort können sie mitunter auch Schaden anrichten, wenn sie Papier, Leim oder Textilien anknabbern. In Wien wurde während der COVID-Lockdowns in mehreren Museen eine deutliche Zunahme[7] von Silberfischchen beobachtet. Offenbar nutzten sie die ungewohnte Ruhe vom Besucheransturm als Gelegenheit, um ihrem kunstvollen Liebesspiel ungestört nachzugehen.

[7] Brimblecombe, P., Querner, P. (2021): Silverfish (Zygentoma) in Austrian Museums before and during COVID-19 lockdown, International Biodeterioration & Biodegradation 164, 105296.

SCHWARZBLAUER ÖLKÄFER

(Meloe proscarabaeus)

Kugelrund und ganz gemächlich

Ich werde immer wieder nach meinem Lieblingsinsekt gefragt. Doch aus der unglaublichen Vielfalt ein einziges auszuwählen, fühlt sich einfach nicht richtig an. Deshalb habe ich mir angewöhnt, bei jedem Interview ein anderes Insekt zu nennen. So kommt zumindest eine Handvoll vor den Vorhang. Ob es der Ölkäfer bereits in diese Aufzählung geschafft hat, weiß ich nicht mehr, aber er gehört definitiv zu meinen Favoriten. Wobei unter „Ölkäfer" ein paar ähnliche Arten zusammengefasst werden. Der häufigste in Wien ist der Schwarzblaue Ölkäfer *(Meloe proscarabaeus)*, gefolgt vom Violetten Ölkäfer *(Meloe violaceus)*. Andere Arten sind deutlich seltener.

Insbesondere die fetten, fast wurmartigen Weibchen haben es mir angetan. Wegen ihrer eher wulstigen Körperform nennt man sie auch „Maiwurm". Ich bin jedes Mal hingerissen, wenn ich ein Individuum sehe, das langsam über den Boden trottet. Die meisten Insekten sind ja recht flott unterwegs, ob in der Luft oder an Land. Durch ihre Langsamkeit und ihre ungewöhnliche Form wirken Ölkäfer fast schon exotisch. Mit dem immer wärmer werdenden Klima ist der Maiwurm mittlerweile schon im März und April anzutreffen. In Wien habe ich sie schon öfter im Prater, in der Lobau und auf der Donauinsel gesehen, aber auch auf anderen Grünflächen wie dem Lainzer Tiergarten.

Dass die Weibchen so kugelrund sind, liegt daran, dass ihr Hinterleib zum Bersten voll mit Eiern ist. Bis zu 40.000 haben Forschende gezählt. Diese enorme Anzahl ist wegen ihrer ungewöhnlichen Lebensweise notwendig: Die frisch geschlüpften Larven, die wegen ihrer Form mit drei Klauen auch „Triangulinen“ genannt werden, klettern auf Blüten. Dort warten sie geduldig auf ein behaartes Insekt, das Pollen sammelt, und klammern sich daran fest.

So kommen Ölkäfer-Larven zu ihren Transporteuren

Sie können sich jedoch nur weiterentwickeln, wenn sie von einer im Boden nistenden Wildbiene mitgenommen wurden, Sandbienen, Seidenbienen oder Pelzbienen etwa. Diese tragen die Larven dann unbeabsichtigt direkt zum Futtervorrat, den sie für den eigenen Nachwuchs angelegt haben. Im Nest angekommen, häuten sich die Ölkäfer-Larven und haben danach eine ganz andere Form. Denn sie müssen ja nun nicht mehr klettern und klammern, sondern nur noch fressen. Sie ernähren sich von dem Pollen-Nektar-Gemisch, das die einzelnen Bienen gesammelt haben. Klammern sich die Ölkäfer-Larven an ein anderes Insekt, gehen sie zugrunde. Da diese komplexe Strategie nur hin und wieder aufgeht, brauchen sie die große Anzahl an Eiern.

Ölkäfer zählen zu den giftigsten Insekten Österreichs, doch solange Sie sie nicht reizen oder anfassen, geht keinerlei Gefahr von ihnen aus. Fühlen sich die Käfer bedroht, scheiden sie an ihren Beingelenken ein gelbliches Sekret aus, das Cantharidin enthält. Dieses Gift, das optisch an Öl erinnert, gibt ihnen ihren Namen. Es wirkt stark reizend und kann bei Hautkontakt

Schwarzblauer Ölkäfer

Blasen verursachen. Verschlucken oder Abschlecken führen zu ernsten Vergiftungen. Also Finger weg!

Ölkäfer sind übrigens eng verwandt mit der Spanischen Fliege, die (anders als ihr Name vermuten lässt) ebenfalls ein Käfer ist. Von der Antike bis zur Entdeckung von Viagra war sie ein beliebtes Potenzmittel. Der Nachteil war, dass die Nutzung tödlich enden konnte. Die Art ist in Österreich jedoch selten und kommt eher im Süden Europas vor. Eines haben die beiden Käfer gemeinsam: Ihr Verzehr ist nicht zu empfehlen.

Ein Artikel zum „Käfer-Viagra"

DONAU-DÜSTERSANDBIENE

(Andrena danuvia)

Eine Wienerin durch und durch

Manche Insekten begegnen einem ohne große Mühen, andere erfordern Geduld. Die Donau-Düstersandbiene *(Andrena danuvia)* gehört eindeutig zur zweiten Kategorie – zumindest in meinem Fall. Ich hatte schon viel von ihr gehört, aber sie noch nie gesehen. Und das ist zugegeben ein bisschen peinlich für eine Wienerin, die sich mit Wildbienen beschäftigt. Denn diese Art ist eine echte Lokalberühmtheit: Sie ist in kaum einer Weltgegend so häufig wie in Wien.

Sogar die Exemplare, die der wissenschaftlichen Artbeschreibung[8] zugrunde liegen, stammen von der „Straßenböschung gegenüber der Döblinger Realschule in Wien XIX". Damals, also 1936, nistete sie sogar in den Gartenanlagen rund ums Naturhistorische Museum. Auch heute lässt sie sich noch auf der Ringstraße entdecken. Und sie ist sich auch nicht zu gut, um am Grünstreifen des Hernalser Gürtels oder am vielfrequentierten Schwedenplatz ihre Nester anzulegen. Da Löwenzahn und Blüten verschiedener Alleebäume wie Ahorn recht weit oben auf ihrem Speiseplan stehen, ist das Nahrungsangebot sogar auf diesen städtischen Rasenflächen ausreichend. Vergleichsweise

[8] Pittioni, B., Stöckhert, E. (2005): Über einige neue und verkannte Andrena-Arten (Hymenoptera, Andrenidae). Beiträge zur Kenntnis paläarktischer Apiden. III. Annalen des Naturhistorischen Museums in Wien 57, 284-295.

ruhig ist es im Grätzelgarten Alsergrund, direkt beim Pathologisch-Anatomischen Museum. Und dort fand ich sie an einem Frühlingstag schließlich doch noch. Ein letzter verzweifelter Versuch in der Mittagspause – und da war sie endlich.

Neben pollenspendenden Blüten benötigt die Donau-Düstersandbiene vor allem eines: unbewachsene Bodenstellen. Denn wie alle Sandbienen gräbt sie ihre Nester selbst: zehn bis 20 Zentimeter tiefe Gänge mit kleinen Brutkammern, in die sie jeweils ein Ei legt, begleitet von einem Pollenproviant. Zum Glück gibt es auf den Wiener Rasenflächen auch unbewachsene Stellen. Würden die Stadtgärtner:innen sie mit Rollrasen „versiegeln", würde ich mir dort keine Bienen mehr erwarten.

Nicht jedes Jahr ist die Population gleich groß. 2025 gingen etwa nur wenige (zehn) Meldungen auf der

Donau-Düstersandbiene

iNaturalist

So bauen Sie ein Sandarium

Beobachtungsplattform iNaturalist ein. Im Jahr 2003 zählten Forscher:innen im Rahmen einer systematischen Untersuchung[9] ganze 21.000 Nester in Wien! Ein Grund für den großen Unterschied könnte auch sein, dass Ahornbäume nicht gut mit den klimatischen Veränderungen umgehen können und nach und nach durch andere Arten ersetzt werden, die nicht von der Donau-Düstersandbiene genutzt werden. Andere Sandbienen-Arten schätzen übrigens – ihrem Namen entsprechend – Sand als Nistboden, weshalb es eine großartige Sache ist, ein sogenanntes **Sandarium** anzulegen.

Warum ich sie so lange verpasst habe? Ihre Flugzeit ist auf ein paar Wochen zwischen Mitte März und Anfang Mai begrenzt. Dazu kommt meine Vollzeit-Stelle, Wolken und Wind, Wochenenden außer Haus – und schon kann die Sichtung zur Herausforderung werden. Doch es war die Mühe definitiv wert. Denn die Donau-Düstersandbiene ist nicht nur ökologisch spannend, sondern auch eine der schönsten heimischen Bienen: honigbienengroß, schwarzer, metallisch-blau schimmernder Körper, dunkle Flügel und eine markante, weiß-schwarze Behaarung am oberen Brustabschnitt.

In Wien ist sie unverwechselbar. Und sie zeigt uns: Man muss nicht ins Gebirge oder ins Naturschutzgebiet fahren, um schöne Entdeckungen zu machen. Manchmal reicht auch eine verlängerte Mittagspause.

[9] Fraberger, R.J. (2005): Bionomie der Sandbiene *Andrena danuvia* STÖCKHERT (Hymenoptera, Andrenidae) und aktuelle Vorkommen in Wien. Linzer Biologische Beiträge 37, 1481-1499.

WASSERSKORPION

(Nepa cinerea)

Sagen Sie niemals Spinnentier zu ihm!

Nein, es ist kein Aprilscherz, in Österreichs Gewässern lauern Wasserskorpione. Aber Sie müssen nicht in Panik geraten, denn es handelt sich dabei um keine echten Skorpione. Diese gehören zu den Spinnentieren und wären damit in einem Buch über Wiener Insekten fehl am Platz. Darüber hinaus kommen Skorpione auch niemals im Wasser vor.

Der Wasserskorpion *(Nepa cinerea,* früher auch *Nepa rubra)* gehört hingegen zur Gruppe der Wasserwanzen. Er hält sich im flachen Uferbereich stehender oder langsam fließender Gewässer auf, wo er auf Wasserpflanzen oder im Schlamm versteckt auf Beute lauert.

Seinen Namen verdankt er seinen Fangbeinen, die wie die Scheren eines echten Skorpions nach vorne ragen und blitzschnell zupacken, wenn ein Beutetier in Reichweite kommt. Auf seinem Speiseplan stehen Insektenlarven, Krebstiere, Kaulquappen und gelegentlich sogar kleine Fische. Das Opfer wird zunächst gelähmt und anschließend ausgesaugt. Eine für uns Menschen besonders nützliche Eigenschaft ist, dass er auch Gelsenlarven jagt. Wer also in der Nähe eines von Wasserskorpionen besiedelten Gewässers wohnt, darf sich im Sommer über weniger dieser winzigen Plagegeister freuen. Fühlt er sich bedroht, kann er mit seinem Saugrüssel übrigens auch Menschen stechen. Das ist zwar schmerzhaft, aber darüber hinaus harmlos.

Wasserskorpion

So sieht ein Ei mit Schnorchelfäden aus

Am Hinterleibsende hat der Wasserskorpion eine lange Atemröhre. Deren Ende lässt er über die Wasseroberfläche ragen, um sich mit Luft zu versorgen – ein eingebauter Schnorchel sozusagen. Wer hier die Ähnlichkeit zu einem Skorpionsschwanz sehen will, braucht ein wenig Fantasie ...

Doch nicht nur die Tiere selbst sind mit einem Schnorchel ausgestattet – auch ihre Eier haben welche! Und das ist sogar im Insektenreich ungewöhnlich. Die Weibchen legen sie in oberflächennahe, verrottende Pflanzenteile oder Algenwatten, also in eine Ansammlung mehrerer Algen. Hier ragen sieben winzige Atemfäden nach oben an die Wasseroberfläche, um die Eier mit Sauerstoff zu versorgen.

Die Winter verbringen Wasserskorpione – denn sie können mehrere Jahre alt werden – üblicherweise am Grund der Gewässer. Ein holländischer Naturbeobachter hat in Bildern festgehalten, wie sich ein Wasserskorpion auf der Unterseite einer zugefrorenen Wasseroberfläche fortbewegt und sich aus einer dort eingeschlossenen Luftblase mit Sauerstoff versorgt.

Ein Wasserskorpion unter Wasser

Obwohl der Wasserskorpion recht weit verbreitet ist, kommt er nur vereinzelt vor, sodass man sich glücklich schätzen kann, wenn man einen zu Gesicht bekommt. In Wien können Sie ihn beispielsweise in der Liesing, im Rotwassergraben, im Lusthauswasser und in den Gewässern der Donauauen entdecken. Wer auf Nummer sicher gehen möchte, findet ihn garantiert im Insektensaal des Naturhistorischen Museums.

Und echte Skorpione? Die gibt es in Österreich tatsächlich auch. Sie sind allerdings noch viel schwerer zu entdecken als ihre wasserliebenden Namensvetter.

SCHWARZE HOLUNDER-BLATTLAUS

(Aphis sambuci)

Die Kunst des Klonens

Die Schwarze Holunder-Blattlaus *(Aphis sambuci)* und ich begegnen uns jedes Jahr mindestens einmal: an jenem Tag, an dem ich losziehe, um im Augarten Holunderblüten für Sirup zu sammeln. Jede vielversprechende Blütendolde wird dabei erst genau inspiziert – denn nicht selten haben die kleinen schwarzen Blattläuse sie schon vor mir entdeckt und in Beschlag

Schwarze Holunder-Blattlaus

genommen. Und natürlich nicht nur einzeln: Eine Blattlaus kommt immerhin selten allein.

Dass sie stets in Massen auftreten, hat erstaunliche evolutionsbiologische Gründe. Blattläuse können nämlich mit ein und demselben Genom zwischen geschlechtlicher Fortpflanzung und Jungfernzeugung wechseln. Die Stammmütter schlüpfen im Frühjahr aus Eiern, die im Herbst zuvor befruchtet wurden. Danach aber brauchen die Blattlausweibchen keine Männchen mehr: Über mehrere Generationen hinweg bringen sie ausschließlich weibliche Nachkommen hervor – genetische Klone ihrer selbst. Diese sogenannten parthenogenetischen Generationen sind zudem lebend gebärend, was bei Insekten eher ungewöhnlich ist.

Auf diese Weise kann ein einzelnes Weibchen binnen kürzester Zeit eine enorme Zahl an Nachkommen produzieren – und einen ganzen Holundertrieb besiedeln. Fünf Klone pro Tag sind bei normalen Bedingungen kein Problem, und nach wenigen Tagen sind die Töchter schon wieder fortpflanzungsfähig. Wird es ihnen doch zu eng oder verschlechtert sich die Qualität der Nahrung, reagieren die Tiere flexibel: Durch hormonelle Veränderungen entstehen geflügelte Individuen, die neue Pflanzen besiedeln. Im Sommer wechselt die Schwarze Holunder-Blattlaus dabei auch auf andere Wirtspflanzen wie Ampfer, Nelkengewächse oder verwandte Arten.

Mit dem Herbst ändert sich das Programm erneut. Länger werdende Nächte und sinkende Temperaturen lösen die Produktion männlicher Tiere aus. Die letzte

Generation des Jahres pflanzt sich wieder geschlechtlich fort und legt Eier auf dem Holunder ab – in kleinen Astspalten oder Blattachseln überdauern sie dort den Winter.

Wie alle Blattläuse – allein in Mitteleuropa sind rund 800 Arten bekannt – saugt auch die Schwarze Holunder-Blattlaus Pflanzensaft. Dabei geht es ihr vor allem um Aminosäuren; überschüssige Kohlenhydrate scheidet sie als Honigtau aus. Dieser wiederum ist eine begehrte Ressource: Ameisen „melken" Blattläuse regelrecht, und der Waldhonig von Honigbienen entsteht größtenteils aus Honigtau.

Eine Kolonie Schwarzer Holunder-Blattläuse zieht auch zahlreiche Räuber an: Marienkäfer und ihre Larven, Florfliegen- und Schwebfliegenlarven finden hier einen reich gedeckten Tisch. Vielleicht ist es also gar keine schlechte Idee, ein paar Holunderblüten den Blattläusen zu überlassen – als kleine Investition in einen vielfältigen, resilienten Garten. Denn vermutlich wissen viele Arten die Holunder-Blattlaus als Snack mindestens ebenso zu schätzen wie wir den Holler-Blütenextrakt im Sirupglas.

OSTERLUZEIFALTER

(Zerynthia polyxena)

Ein österliches Juwel

Seinen Namen verdankt der Osterluzeifalter *(Zerynthia polyxena)* der Nahrungspflanze seiner Raupen, der Aufrechten Osterluzei. Diese wiederum hat angeblich nichts mit dem Feiertag zu tun. Stattdessen soll sich der Name vom griechischen *aristolocheía* („bestes Gebären") ableiten. Immerhin galt die Osterluzei in der Antike als Heilpflanze und diente unter anderem der Geburtsbeschleunigung. Aber ganz ehrlich: Wenn sie im Herbst blühen würde, hieße sie wahrscheinlich anders. Immerhin blüht sie im Frühling und der Falter fliegt auch genau dann: von Ende März bis Anfang Juni.

Der Osterluzeifalter gilt in ganz Österreich als vom Aussterben bedroht, in Wien ist er streng geschützt. Bewundern darf man ihn trotzdem, mit etwas Glück gelingt das sogar. In Wien kommt er ausschließlich in der Lobau, vor allem entlang des Marchfelddamms, vor.

Zweifellos gehört der Osterluzeifalter zu den schönsten heimischen Faltern: ein eierschalengelber Grund, schwarz gemustert, verziert mit blutroten Flecken – ein kleines Kunstwerk der Natur. Vielleicht entdecken Sie auch seine Raupen, die ausschließlich an der Osterluzei fressen. Anfangs sind sie schwarz mit orangefarbenen, fleischigen Dornen und schwarzer Spitze. Sie verspeisen erst die Blütenkelche, danach machen sie sich an die Blätter. Für Menschen und Wei-

Osterluzeifalter

detiere ist die in den Pflanzen enthaltene Aristolochiasäure übrigens giftig. Mit zunehmendem Alter werden die Raupen gräulich bis orange, die Dornen bleiben erhalten. Nach vier bis fünf Wochen verpuppen sie sich. Es folgt die Metamorphose zum Schmetterling, der im darauffolgenden Frühjahr schlüpft.

Dass der Osterluzeifalter bei uns so selten ist, hat mehrere Gründe: Einerseits liegt es daran, dass sein Hauptverbreitungsgebiet im Mittelmeerraum liegt. Österreich ist also nur eine Randzone. Andererseits setzen ihm Herbizide, frühe Mahd und intensive Bewirtschaftung wie etwa in Weingärten, wo die Osterluzei früher öfter vorkam, zu.

Doch es gibt Hoffnung: Gezielte Artenschutzmaßnahmen und Anpflanzungen der Osterluzei haben in den vergangenen Jahren Erfolge gezeigt. Der Falter ist zwar wählerisch, aber wenn er genügend Futterpflanzen findet, kommt er, vorausgesetzt es ist warm genug, gerne zurück. So etwa auf den Donau-Dämmen zwischen Krems und Tulln oder im steirischen Gosdorf.

Hier geht es zum Schutzprojekt

Wer also über Ostern in Wien bleibt, dem sei ein Spaziergang durch die Lobau nach der üppigen Osterjause wärmstens empfohlen. Vielleicht entdeckt man ihn dort, den Osterluzeifalter. Er ist nicht nur ein Frühlingsbote, sondern auch ein schönes Beispiel dafür, wie gezielter Naturschutz neues Leben ermöglicht. Das schenkt mir Hoffnung und genau darum geht es ja zu Ostern.

STEINHUMMEL

(Bombus lapidarius)

Flexibilität ist alles

Ich finde es immer wieder faszinierend, wie selbstverständlich uns die Welt erscheint, in der wir heute leben, obwohl sie vor 200 Jahren noch völlig anders aussah. Die Donauarme durchzogen damals weite Teile Wiens (auch den Ort, an dem sich meine Wohnung befindet), viele Tierarten wie etwa die Europäische Wanderheuschrecke und der Orangerote Heufalter waren hier heimisch, und auch die Jahreszeiten verhielten sich anders. Die wissenschaftlichen Sammlungen des Naturhistorischen Museums dokumentieren diese Veränderungen der Artenvielfalt im sogenannten Anthropozän – aber auch alte Zeitungsberichte können aufschlussreich sein.

Im Archiv nachlesen

So findet sich in der Wiener Zeitung vom 9. Mai 1860 eine bemerkenswerte Notiz: „Die Steinhummel, *Bombus lapidarius,* schwärmt zum ersten Male." Wie schön ist das denn? Das Auftreten einer Insektenart als tagesaktueller Hinweis, sogar mit wissenschaftlichem Namen! Doch das eigentlich Erstaunliche ist das Datum. Denn heutzutage sind die Steinhummeln oft schon Wochen früher unterwegs. Der Klimawandel ist also längst auch im Insektenreich angekommen.

Die Steinhummel ist an ihrer samtig schwarzen Körperbehaarung und dem leuchtend roten Hinterleibsende leicht zu erkennen. Sobald der Boden etwa 10 Grad Celsius erreicht, verlassen die Königinnen ihr Winterquartier. Dank ihrer dichten Behaarung verlieren sie weniger Wärme und können auch bei niedrigen Temperaturen fliegen. Durch Vibrieren ihrer Flugmuskulatur wärmen sie sich dabei aktiv auf. Binnen sechs Minuten kann eine Hummel ihre Körpertemperatur von 13 auf 37 Grad Celsius bringen und ist damit startklar. Diesen Trick nutzt sie übrigens nicht nur zum Fliegen, sondern auch, um ihre Eier wie ein Vogel auszubrüten. Die ersten Arbeiterinnen werden von der Königin selbst großgezogen, danach übernehmen sie

Steinhummel

den Job und kümmern sich um Nahrungssuche und Nachwuchs.

Als Kulturfolger hat sich die Steinhummel bestens an das Leben in der menschlichen Umgebung angepasst. So kann man sie in Wien auch im innerstädtischen Bereich auf diversen Grünflächen beobachten. Sie besucht eine Vielzahl verschiedener Blüten und legt ihre Nester sowohl ober- als auch unterirdisch an: in verlassenen Mäusenestern, Vogelnistkästen oder Hohlräumen in Gebäuden. Wer Lust hat, ein Hummelvolk im eigenen Garten zu beherbergen, kann es auch mit einem speziellen Hummelnistkasten, also einer Box aus Karton oder Holz mit einem Einflugloch, versuchen.

Anleitung zum Bau eines Hummelnistkastens

Weltweit gibt es etwa 240 Hummelarten. Österreich gehört mit 45 nachgewiesenen Arten zu den weltweiten Hotspots. Viele davon sind an das Leben in den Gebirgsregionen angepasst. Drei der 45 gelten mittlerweile in Österreich als ausgestorben[10]. Alle drei waren Steppenarten – ein Landschaftselement, das in Österreich in den letzten 200 Jahren nahezu verloren gegangen und in größerem Ausmaß nur noch in der burgenländischen Gegend rund um den Neusiedler See vorhanden ist. Die Belege im Museum zeugen von ihrer vergangenen Existenz. Diese Spezialisten waren nicht so anpassungsfähig wie die Steinhummel – sie bleibt uns hoffentlich noch lange erhalten!

[10] Neumayer, J., Leiner, O., Schied, J., Wallner, W. (2024): Rote Liste der Hummeln (Bombus spp.) Österreichs. In: Zulka, K.P. (Red.): Rote Listen gefährdeter Tiere Österreichs. Umweltbundesamt, Wien.

FEUERWANZE

(Pyrrhocoris apterus)

Spitzenreiterin im Liebesmarathon

Ich glaube, sie ist meine früheste Erinnerung aus der Insektenwelt: die Feuerwanze. Aufgewachsen in einer Siedlung in Transdanubien erinnere ich mich gut an die großen Ansammlungen dieser rot-schwarzen Insekten in Mauerecken. Damals fand ich sie ehrlich gesagt eher unheimlich. Zeit für einen zweiten Anlauf. Let's love the unloved!

Was die Feuerwanze *(Pyrrhocoris apterus)* jedenfalls mitbringt, ist Ausdauer – besonders in Liebesdingen. Wer schon mal im Paarungsakt vereinigte Pärchen beobachtet hat, ahnt vielleicht schon, dass das keine schnelle Sache ist. Tatsächlich gehören Feuerwanzen zu den Spitzenreitern, was die Kopulationsdauer betrifft: Im Durchschnitt dauert der Akt sieben Stunden, zwei Forscher haben aber bis zu sieben Tage dokumentiert.[11] Denn Feuerwanzen-Weibchen paaren sich mit mehreren Männchen – und das auserwählte Exemplar verhindert durch pure Ausdauer, dass ein Rivale zum Zug kommt.

Aber auch jenseits der Fortpflanzung sind Feuerwanzen äußerst gesellig. Über ein spezielles Pheromon locken sie andere Artgenossen an, was oft zu beachtlichen Ansammlungen rund um Futterplätze führt. Sie

[11] Schöfl, G., Taborsky, M. (2002): Prolonged tandem formation in firebugs *(Pyrrhocoris apterus)* serves mate-guarding. Behav Ecol Sociobiol 52, 426–433.

saugen bevorzugt an herabgefallenen Samen von Malven, Robinien oder Linden. Die Geselligkeit hat aber auch den Vorteil, dass Männchen und Weibchen ohne aufwendige Suche zueinanderfinden – und gemeinsam sind sie auch besser vor Fressfeinden geschützt. Denn die Kombination aus Gruppenbildung und auffälliger rot-schwarzer Warnfärbung macht Raubvögel skeptisch: Studien[12] zeigen, dass Angriffe auf Gruppen seltener und zögerlicher erfolgen. Aus Abwehrdrüsen im Brustbereich können sie zwar chemische Stoffe ausscheiden, die stechend riechen und schlecht schmecken, effektivere Abwehrmechanismen besitzen sie darüber hinaus jedoch nicht.

Feuerwanzen sind genügsam, anpassungsfähig und deshalb nicht nur allgegenwärtig in Wien, sondern auch beliebte Modellorganismen in der Forschung. Schon 1891 entdeckte der Zoologe Hermann Henking bei ihnen eine auffällige Struktur in der Hälfte der Spermien, die er „X-Faktor“ nannte – später als X-Chromosom bekannt. Spermien mit diesem Faktor führten zur Entwicklung von Weibchen, ohne ihn entstanden Männchen – ein früher Hinweis auf die chromosomale Geschlechtsbestimmung.

Auch heute liefern Feuerwanzen spannende Einblicke in die Biologie: Ob bei der hormonellen Steuerung der Häutung oder beim Einfluss von Umweltfaktoren auf die Eiablage – sie helfen, komplexe An-

[12] Hotová Svádová, K., Exnerová, A., & Štys, P. (2014): Gregariousness as a defence strategy of moderately defended prey: experiments with *Pyrrhocoris apterus* and avian predators. Behaviour, 151(11), 1617-1640.

Feuerwanze

passungsmechanismen zu verstehen. So reagiert die Art etwa auf die zunehmend längeren und wärmeren Sommer: Während sie in den 1980er-Jahren meist nur eine Generation pro Jahr hervorbrachte, sind es heute oft zwei.

Und wenn man sie sich mal genauer anschaut, ist sie eigentlich auch gar nicht unhübsch. Manchmal hilft ein zweiter Blick. Die Feuerwanze hat diesen jedenfalls verdient.

GROSSES WIENER NACHTPFAUENAUGE

(Saturnia pyri)

Haben Sie Wien schon bei Nacht gesehen?

Insekten sind nicht nur spannende Forschungsobjekte, sondern auch beliebte Haustiere. Damit meine ich nicht Silberfischchen im Bad (siehe S. 15) oder Motten im Kleiderschrank; es gibt Menschen, die afrikanische Käfer oder indische Gottesanbeterinnen zuhause halten. Meine Kollegin Sylvia Wanzenböck hält auch Insekten zuhause – allerdings heimische. Sie zieht sie durch das Raupenstadium, füttert und pflegt sie, bis aus den Puppen prachtvolle Falter schlüpfen, die sie dann in die Freiheit entlässt. Der eindrucksvollste unter ihnen ist eindeutig das Große Wiener Nachtpfauenauge *(Saturnia pyri)*. Ein Mittleres und ein Kleines Nachtpfauenauge gibt es übrigens auch.

Mit bis zu 16 Zentimetern Flügelspannweite zählt das Große Wiener Nachtpfauenauge zu den größten Schmetterlingen Europas. Sein Hauptverbreitungsgebiet liegt im Mittelmeerraum. Aber weil es 1775 in einem Werk über die Schmetterlinge der Wiener Umgebung erstmals beschrieben wurde, trägt es den Namen „Wiener" Nachtpfauenauge.

Der Name verrät darüber hinaus noch etwas: Die vier charakteristischen Augenflecken auf den Flügeln erinnern an Pfauenaugen. Der Falter nutzt sie aber nicht als Schmuck, sondern als effektive Methode zur Abschreckung von Fressfeinden. Allzu häufig ist das Wiener Nachtpfauenauge nicht, aber man kann ihm

Großes Wiener Nachtpfauenauge

nachts in ganz Wien begegnen. Es wird von Lichtquellen angelockt und sitzt oft an beleuchteten Wänden. Vergangenes Jahr entdeckte eine Kollegin eines Abends ein Wiener Nachtpfauenauge im Innenhof des Museumsquartiers.

Auch seine Raupen sind auffällig und außerordentlich hübsch: grasgrün mit leuchtend blauen, gestielten Punkten, aus denen schwarze Borsten ragen. Sie ernähren sich von den Blättern verschiedener Obstgehölze. Entsprechend hängt der Rückgang der Art eng mit dem Verschwinden von Obstbäumen und dem Einsatz von Pestiziden, aber auch mit der Intensivierung nächtlicher Beleuchtung zusammen, die viele Insekten anlockt und damit zu einer Falle wird.

Während das Wiener Nachtpfauenauge früher in sechs Bundesländern regelmäßig vorkam, ist es heute fast nur noch in Wien, Niederösterreich und dem Burgenland anzutreffen. In der Steiermark wird es inzwischen gezielt gezüchtet – ein Projekt des Naturschutzbundes, um wieder eine stabile Population aufzubauen. Vielleicht ist das Züchten und Aussetzen einzelner Falter nur ein Tropfen auf dem heißen Stein. Und doch kann es ein wichtiger Beitrag sein, um selten gewordene Arten so lange zu erhalten, bis wir unsere Wirtschaftsweise wieder in eine lebensfreundlichere umgewandelt haben und von Menschen bewohnte Flächen auch anderen Arten Lebensraum bieten.

Zum Nachzuchtprogramm

Ein Anfang wäre, nächtliche Beleuchtung naturschonend zu gestalten: Licht nur dort, wo es nötig ist, mit möglichst warmem Spektrum, nach unten gerichtet und sparsam dosiert. Solche Maßnahmen helfen nicht nur Nachtfaltern, sondern vielen Insekten, Vögeln und sogar uns Menschen (einen ausführlichen Beitrag zu Lichtverschmutzung und Nachtschutzgebieten gab es im FALTER 12/2025).

Zum Falter-Artikel über Lichtverschmutzung

Dass dieser Wandel in den nächsten Jahrzehnten gelingt, daran will ich fest glauben.

FELD-SANDLAUFKÄFER

(Cicindela campestris)

Schillernd, scheu und furchtbar schnell

Es gibt Insekten, die mir häufiger im Urlaub als im Alltag begegnen. Beim Feld-Sandlaufkäfer *(Cicindela campestris)* liegt das an unserer gemeinsamen Vorliebe für sonnige, sandige Lebensräume: offene Uferbereiche entlang von Flüssen und Küsten, von Südskandinavien bis Griechenland und Portugal. Er ist in ganz Europa zuhause – auch in dieser Hinsicht kann ich mich ihm, zumindest meinem Empfinden nach, anschließen.

Dabei muss man gar nicht weit reisen, um ihn zu entdecken. Auch in Wien kann man ihn beobachten – etwa auf offenen Feldwegen am Bisamberg oder in der Lobau; auch am Eichkogel bei Mödling ist er häufig anzutreffen. Er liebt unbewachsene, trockene Stellen mit Sand- oder Lehmböden – je offener der Boden, desto besser. Denn als echter Laufkäfer ist er meistens zu Fuß unterwegs und das mit beeindruckender Geschwindigkeit. In einer Sekunde schafft er das bis zu 120-Fache seiner Körperlänge. Damit gehört er zu den schnellsten Insekten an Land. Zum Vergleich: Die schnellste Hunderasse, der Greyhound, schafft bis zu 80 Kilometer pro Stunde, also 22 Meter pro Sekunde. Das entspricht etwa dem 20-Fachen seiner Körperlänge. Wer versucht, ein Foto des Käfers zu machen, braucht also etwas Geduld. Wenn er sich bedrängt fühlt, legt er notfalls auch einige Meter fliegend zurück.

Feld-Sandlaufkäfer

Weltweit gibt es mehr als 2.500 Arten dieser faszinierenden Käferfamilie. Geschwindigkeits-Rekordhalter ist übrigens eine australische Sandlaufkäfer-Art. Sie legt bis zu 2,5 Meter pro Sekunde zurück!

Der Feld-Sandlaufkäfer ist etwa ein bis eineinhalb Zentimeter groß und wirklich wunderschön: Seine Flügeldecken schimmern metallisch grün, durchzogen von eierschalenfarbenen Tupfen. Beine und Fühler glänzen kupferfarben, und seinen Kopf zieren zwei große, halbkugelige Facettenaugen, mit denen er hervorragend sehen kann. Auffällig sind auch seine kräftigen Beißwerkzeuge, die man besser nicht unterschätzen sollte. Er kann damit durchaus auch zubeißen! Doch die Gefahr ist gering, denn der Käfer ist sehr scheu. Für andere Insekten und Spinnen ist er als blitzschneller, effektiver Jäger allerdings eine echte Bedrohung, auch wenn er bei seiner Jagd manchmal etwas unentschlossen wirkt. Denn durch die hohe Laufgeschwindigkeit muss er zwischendurch immer wieder kurz stehen bleiben, um die Beute visuell zu lokalisieren.

Schon im Larvenstadium ist er ein gefräßiger Räuber. Seine Larven leben in selbst gegrabenen Röhren, die bis zu 40 Zentimeter tief in den Boden reichen. Sind sie hungrig, lauern sie an der Öffnung, die sie mit ihrem Kopf und dem Halsschild verschließen. Nur die Beißwerkzeuge ragen heraus. Kommt ein unachtsames Insekt vorbei, schnappen sie blitzartig zu. Wer beobachten will, wie Larven und adulte Käfer jagen, sollte sich dieses Video ansehen (siehe QR-Code).

Wie die Käfer jagen

Beide gehören jedenfalls zu den sogenannten Top-Prädatoren ihrer Lebensräume. Sie tragen also aktiv dazu bei, Insektenpopulationen, etwa von Heuschrekken, im Gleichgewicht zu halten, und leisten damit einen wichtigen Beitrag für stabile, gesunde Ökosysteme.

Wer also beim nächsten Spaziergang über einen Feldweg oder entlang eines sandigen Ufers etwas Grünliches über den Boden flitzen sieht, hat vielleicht einen Feld-Sandlaufkäfer erspäht. Dann lohnt es sich, kurz innezuhalten, um sich an dem hübschen Anblick dieses faszinierenden Mitbewohners zu erfreuen.

SCHWARZHALSIGE KAMELHALSFLIEGE

(Venustoraphidia nigricollis)

Gruß aus einer fernen Welt

Die Übung „Wissenschaftliches Arbeiten im Museum“ bei Ulrike Aspöck war mein erster Kontakt mit den wissenschaftlichen Sammlungen des Naturhistorischen Museums Wien. Später sollte sie auch die Betreuerin meiner beider Abschlussarbeiten werden und ist bis heute meine geschätzte Mentorin. Vor 20 Jahren wusste ich aber noch nicht, dass ich es mit der Grande Dame der Kamelhalsfliegen zu tun hatte.

Gemeinsam mit ihrem Ehemann Horst Aspöck hat sie über die Hälfte der weltweit rund 250 Arten entdeckt und beschrieben. Als ich das erste Mal zu ihr kam, wusste ich noch nicht einmal, dass es Kamel-

Schwarzhalsige Kamelhalsfliege

halsfliegen gibt, geschweige denn die Schwarzhalsige Kamelhalsfliege *(Venustoraphidia nigricollis)*.

Dass Kamelhalsfliegen so unbekannt sind, liegt sicher nicht an ihrem Aussehen. Wer sie einmal gesehen hat, erkennt sie sofort wieder: feenhaft filigran, mit schimmernden Flügeln und einem auffallend verlängerten „Hals" (anatomisch gesehen ist es das erste Brustsegment), dem sie auch ihren Namen verdanken. Die Weibchen haben eine recht lange, auffällige Legeröhre an ihrem Hinterleibsende.

Für eine Begegnung braucht man nicht weit zu reisen. Ulrike Aspöck selbst hat die Schwarzhalsige Kamelhalsfliege sogar am Maria-Theresien-Platz alias Zwidemu („zwischen den Museen") gefunden. Sie fühlt sich in den Föhren entlang der beiden Bundesmuseen besonders wohl. Lange Zeit galt sie als selten, bis klar wurde, dass sie sich am liebsten im Kronendach aufhält, also weit weg vom Trubel am Boden. Nur gelegentlich verirrt sie sich zu uns Menschen herunter.

Auch die übrigen 15 mitteleuropäischen Kamelhalsfliegen-Arten bekommt man nur mit Glück zu Gesicht. Wenn es dann doch passiert (mich ist zum Beispiel einmal eine auf der Donauinsel angeflogen) und man erkennt den „hohen Besuch", fühlt man sich fast ein wenig geehrt. Selbst meine Kollegin aus der Schmetterlingssammlung hatte schon das Vergnügen: Eine Kamelhalsfliege verirrte sich einst ins Dachgeschoß des Naturhistorischen Museums, vom Kronendach der Föhren ist es immerhin nicht weit.

Auch die Larven leben versteckt. Unter der Baumrinde, wo sie als Räuber andere Insekten wie etwa holzfressende Käferlarven jagen, sind sie geschützt. Wie fast alle Insekten verbringen sie in dieser Form den Großteil ihrer Lebenszeit. Meist dauert es zwei bis drei Jahre, bis die geflügelte, geschlechtsreife Form schlüpft, die man vorwiegend im Mai und Juni beobachten kann.[13]

Besonders faszinierend ist aber ihr evolutionärer Hintergrund. Kamelhalsfliegen bevölkern die Erde schon seit über 200 Millionen Jahren – und haben sich dabei kaum verändert. Während der Zeit der Dinosaurier waren sie noch weitaus artenreicher als heute. In Bernstein eingeschlossene Fossilien zeigen, dass ihr

13 Aspöck, H., & Aspöck, U. (2009): Raphidioptera – Kamelhalsfliegen. Ein Überblick zum Einstieg. Entomologica Austriaca, 16, 53-72.

heutiges Erscheinungsbild fast ident mit dem ihrer Vorfahren aus der Kreidezeit ist (vor 145–66 Millionen Jahren).

Kamelhalsfliegen sind eine Erinnerung daran, wie lange das Leben auf der Erde schon existiert, und wie wenig wir darüber wissen. Sie sind wie ein Gruß aus einer fernen Welt, der Ihnen sogar im Zentrum Wiens begegnen kann.

FELDGRILLE

(Gryllus campestris)

Sommerliche Sinfonie aus dem Verborgenen

Für mich gehört sie zum Sommer wie Mohnblumen, Mauersegler und Glühwürmchen: die Feldgrille *(Gryllus campestris)*. Konkret meine ich die Sinfonie zirpender Grillenmännchen, die mich in so mancher Frühsommernacht in den Schlaf begleitet. Eine Erfahrung, die schon Menschen vor Jahrtausenden gemacht haben, wie alte Quellen belegen.

So bekannt ihr Gesang, so verborgen ihre Lebensweise. Und ihr Anblick? Für viele befremdlich. Nur selten bekommt man diese eigentümlich wirkenden Insekten zu Gesicht. Ihr gedrungener, zwei bis drei Zentimeter großer braunschwarzer Körper, etwas hellere, anliegende Flügel, und vorne dran ein unverhältnismäßig großer Kopf mit langen Fühlern. Am Hinterleib noch zwei fadenförmige Fortsätze, sogenannte

Cerci, die der Wahrnehmung von Bodenerschütterungen und Luftbewegungen dienen. Und kräftige, bedornte Hinterbeine, die jedoch weniger dem Springen als dem Graben dienen. Denn, als wäre die Deckung des Grases nicht Schutz genug, halten sich Feldgrillen gerne in selbstgegrabenen Höhlen versteckt.

Beim Zirpen, dem Lockruf der Männchen, wagen sie sich jedoch vor den Eingang. Dabei reiben sie ihre Flügel aneinander: eine rund vier Millimeter lange Schrillleiste mit etwa 140 Zähnchen an der Innenseite eines Vorderflügels gleitet über eine glatte Schrillkante an der Außenseite des anderen. Das Geräusch wird dabei auf ähnliche Weise erzeugt, wie wenn man mit dem Finger über einen Kamm fährt. Obwohl beide Flügel gleich gebaut sind, „geigen" die meisten Männchen mit der rechten Schrillleiste über die linke Kante.

Hier kann man die Grillenmännchen hören (ab Minute 1:25)

Die Wahl der Weibchen richtet sich nach der Qualität des Balzgesangs, dessen Klang mit dem Immunsystem des Männchens zusammenhängt[14] und dem Weibchen damit verrät, mit welchem Männchen es möglichst robuste Nachkommen zeugen kann. Zirpen die Grillenmännchen in einer Umgebung mit Auto-

14 Rantala, M.J., Kortet, R. (2003): Courtship song and immune function in the field cricket *Gryllus bimaculatus*. Biological Journal of the Linnean Society 79, 503-510.

Feldgrille

lärm, so können die Weibchen die Qualität des Gesangs übrigens nicht mehr unterscheiden[15].

Anschließend legt das Weibchen bis zu 1.000 strohgelbe Eier in Erdlöcher. Die geschlüpften Jungtiere häuten sich mehrfach und überwintern in einem der letzten Nymphenstadien – ebenfalls in einer Höhle. Insgesamt dauert das Leben einer Feldgrille etwa ein Jahr, doch nur zwei Monate davon verbringen sie als geschlechtsreife Tiere.

So hört sich die Strauchschrecke an

Feldgrillen ernähren sich von Gräsern, Kräutern und gelegentlich von kleinen oder toten Insekten. Sie selbst stehen auf dem Speiseplan zahlreicher Vogelarten, vom Storch bis zum Gartenrotschwanz.

So singt das Weinhähnchen

In Wien findet man Feldgrillen vor allem am Stadtrand auf sonnenexponierten Böschungen und Wiesenhängen. Manchmal singt sie dort auch im Duett mit Strauchschrecken. Später im Sommer werden sie dann von Weinhähnchen abgelöst.

Wenn Sie selbst eine Feldgrille entdecken möchten, folgen Sie abends dem Gezirpe. Sobald Sie sich der Gesangsquelle nähern, beginnt die Herausforderung des sich Anpirschens: möglichst geräuschlos und ohne Bodenerschütterungen, denn sonst sind die scheuen Tierchen – schwupsdiwups – ganz schnell in der Sicherheit ihrer Wohnröhre verschwunden.

[15] Bent, A.M., Ings, T.C., Mowlers, S.L. (2021): Anthropogenic noise disrupts mate choice behaviors in female *Gryllus bimaculatus*. Behavioral Ecology 32, 201-210.

KLEINER LEUCHTKÄFER

(Lamprohiza splendidula)

Der Zauber lauer Sommernächte

Welch kindliche Freude es immer noch ist, in einer lauen Sommernacht Glühwürmchen zu entdecken! Es ist ein Staunen, das ich mir erhalten konnte – vielleicht, weil diese Begegnungen kaum vorhersagbar sind und daher frei von Erwartungen bleiben. Fliegt das leuchtende Tierchen herum, dann handelt es sich um einen Kleinen Leuchtkäfer *(Lamprohiza splendidula)*, auch Johanniswürmchen genannt.

In Wien kommen zwei Arten vor: der Kleine und der Große Leuchtkäfer. Bei beiden senden die ungeflügelten Weibchen Leuchtsignale aus. Beim Kleinen leuchten auch die flugfähigen Männchen – das sind dann die fliegenden Glühwürmchen (auch wenn sich der Begriff „-würmchen" eher auf die larvenartigen Weibchen bezieht).

Das Leuchten ist einerseits ihre Form der Kommunikation untereinander: Die Lichtsignale der fliegenden Männchen regen die am Boden oder auf Pflanzen sitzenden Weibchen zum Leuchten an. Dieses wiederum lockt durch sein Leuchten die Männchen an. Nach Paarung und Eiablage leben die adulten Tiere nur noch wenige Tage. Den Großteil ihres Lebens – zwei bis drei Jahre – verbringen Glühwürmchen als Larven.

Leuchten können nicht nur die erwachsenen Tiere. Auch Larven und sogar Puppen emittieren Licht, allerdings mit anderen Leuchtorganen und in einem stärker grünlichen Spektrum. Sie reagieren auf Erschütterungen oder Lärm mit einem langsam anschwellenden und wieder abklingenden Leuchten. Dieses Licht dient als Warnsignal für potenzielle Fressfeinde und funktioniert, weil Leuchtkäfer ungenießbar sind und Angreifer schnell lernen, die leuchtenden Tiere zu meiden.

In ihrer Larvenphase sind Glühwürmchen selbst Jäger. Sie leben ausschließlich an feuchten Orten und ernähren sich vor allem von Schnecken. Ihrer Beute folgen sie entlang der Schleimspur, injizieren ihr über eine Bisswunde eine lähmende Substanz und fressen sie anschließend. Die Vorliebe der Larven für Schnecken und andere weichhäutige Wirbellose vereint übrigens alle über 2000 Leuchtkäfer-Arten weltweit[16].

Es gibt sogar erste Erfolge, Glühwürmchen für den Einsatz gegen Schnecken[17] zu züchten. Aber ich muss Sie enttäuschen: mit einer Art, die nur in China vorkommt. „Leuchten auf Bestellung" gibt es bei unseren heimischen Arten nicht. Bitte sammeln Sie auch keine Tiere und siedeln Sie sie nicht um – das endet meist tödlich für die Käfer. Hilfreich sind dunkle Gärten ohne künstliche Beleuchtung, feuchte Rückzugsorte und eine große Anzahl an Schnecken. Einen guten Leitfaden dazu bietet die Wiener Umweltberatung. Auf deren Seite finden Sie auch eine Liste von Glühwürm-

Ein Garten für Glühwürmchen

[16] Riley, W. B., Rosa, S. P., & da Silveira, L. F. L. (2021): A comprehensive review and call for studies on firefly larvae. PeerJ, 9, e12121.

[17] Fu, X., Meyer-Rochow, B. (2013): Larvae of the firefly *Pyrocoelia pectoralis* (Coleoptera: Lampyridae) as possible biological agents to control the land snail *Bradybaena ravida*. Biological Control 65, 176-183.

Kleiner Leuchtkäfer

chen-Fundorten in Österreich und können selbst auch solche einmelden.

In Wien empfehle ich sommerabendliche Spaziergänge im Wienerwald oder im Prater, rund um die Johannisnacht (die Nacht von 23. auf 24. Juni). Am besten ohne große Erwartungen, dann kommt der Zauber oft ganz von selbst.

KAISERLICHER KURZFLÜGLER

(Staphylinus caesareus)

Flügelfalten für Fortgeschrittene

Auf den ersten Blick erinnert er ein wenig an einen Ohrwurm ohne Zangen. Dabei hat er nichts mit ihm zu tun: Der Kaiserliche Kurzflügler *(Staphylinus caesareus)* ist ein Käfer – und zwar ein besonders bemerkenswerter. Er gehört zu den Kurzflüglern, der artenreichsten Käferfamilie überhaupt. An die 65.000 Arten sind bisher bekannt.

In Mitteleuropa sind rund 2000 Arten heimisch, viele davon eher klein, dunkel und unscheinbar. Der Kaiserliche Kurzflügler hingegen macht seinem Namen alle Ehre: Mit seinen leuchtend roten Deckflügeln und Beinen und der goldenen Zeichnung auf dem ansonsten schwarzen Körper wirkt er durchaus majestätisch. Auch seine Größe ist beachtlich. Er wird an die zwei Zentimeter lang.

Typisch für Kurzflügler sind die, wie der Name schon sagt, stark verkürzten Deckflügel, unter denen die großen, flugtauglichen Hinterflügel kunstvoll gefaltet liegen. Die Kürze der Deckflügel macht den Käfer besonders beweglich und am Boden wendig. Er rennt flink durchs Grüne, verschwindet in Spalten und Ritzen (sei es bei der Jagd auf andere Insekten oder wenn ich gerade versuche, ein hübsches Foto von ihm zu machen). Sowohl die Larven als auch die ausgewachsenen Tiere leben räuberisch; ihre Beute reicht von Insektenlarven bis zu jungen Nacktschnecken.

Gartenbesitzer:innen dürfen sich also freuen, wenn sich der Käfer bei ihnen ansiedelt! Er bevorzugt trokkene Wiesen, Wald- und Wegränder und kann in ganz Wien angetroffen werden.

Obwohl sich der Kaiserliche Kurzflügler am liebsten am Boden aufhält, verzichtet er nicht aufs Fliegen. Die Hinterbeine helfen beim Entfalten der Flügel, sodass er recht schnell startbereit ist. Spannend wird es nach dem Landen, denn die großen, membranartigen Hinterflügel müssen dann wieder unter den kleinen Deckflügeln verstaut werden. Das geschieht mit

Kaiserlicher Kurzflügler

So schaut das Zusammenklappen aus

einer komplexen, asymmetrischen Falttechnik[18] – die, soweit bisher bekannt, im Insektenreich einzigartig ist: Zuerst faltet er die Flügel seitlich mit seinem Hinterleib, dann klappt er sie mithilfe des hochgestellten Hinterleibs weiter ein und schließlich schiebt er sie seitlich unter die Deckflügel. Dabei faltet er den linken Flügel anders als den rechten. Und je nachdem, welcher Flügel bei der Landung oben liegt, kann der Käfer das Faltmuster auf beiden Seiten variieren.

Die Natur hat hier über Jahrmillionen ein System hervorgebracht, das gleichzeitig platzsparend, flexibel und äußerst zuverlässig funktioniert. Forschende sehen in dieser raffinierten Technik großes Potenzial für technische Anwendungen, etwa um ultraleichte, selbstentfaltende Strukturen in der Raumfahrt zu entwickeln. Der Kaiserliche Kurzflügler zeigt uns also auf eindrucksvolle Weise, wie effizient und ausgefeilt evolutionäre Anpassungen sein können. Und wie viel Potenzial in ihnen steckt, wenn wir bereit sind, genau hinzusehen und von der Natur zu lernen.

[18] Saito, K., Yamamoto, S., Maruyama, M., Okabe. Y. (2014): Asymmetric hindwing foldings in rove beetles. Proc. Natl. Acad. Sci. U.S.A. 111, 16349-16352.

KÄFERZIKADE

(Issus coleoptratus)

Eine winzige Sprung-Weltmeisterin

Ich weiß nicht, wie viele von Ihnen Makrofotografie lieben – ich bin ihr seit etwa drei Jahren verfallen. Wenn Zeit und Wetter passen, bewege ich mich im Tempo von etwa fünf Metern pro Stunde durch unseren Garten und suche nach Fotomodellen auf sechs Beinen. Vor Kurzem entdeckte ich auf einem Blatt eine winzige Gestalt, die kaum größer als ein Stecknadelkopf war. Als ich mein Foto schließlich am Bildschirm betrachtete, konnte ich kaum glauben, was ich sah. Ich war hingerissen von dem hübschen Muster und Farbenspiel. Mithilfe der App iNaturalist konnte ich sie als

Käferzikade

Echte Käferzikade *(Issus coleoptratus)* in ihrer letzten Nymphenphase identifizieren.

Zikaden gehören zu den oft übersehenen Insekten, dabei sind in Österreich über 600 Arten heimisch. Sie zählen zu den so genannten Pflanzensaugern und ernähren sich durch das Anstechen und Aussaugen pflanzlicher Flüssigkeiten. Typisch sind ihre dachförmig über den Hinterleib gefalteten Flügel. Bei der Käferzikade wölben sich diese jedoch so über den Körper, dass sie entfernt an einen Käfer erinnert – daher ihr Name.

Während die meisten Zikaden flugfähig sind, setzt die Käferzikade nur noch aufs Gehen und Springen. Letzteres vor allem als Exit-Strategie, wenn sie mal schnell einem räuberischen Insekt entkommen muss. Sie ist jedoch kein gewöhnlicher Springer, sondern gehört zu den besten Springern aller bisher untersuchten Insekten: In weniger als einer Millisekunde beschleunigt sie ihren Körper auf eine Geschwindigkeit von etwa fünf Meter pro Sekunde. Dafür hat sie einige besondere Anpassungen im Körper.

Der Begriff Springen ist eigentlich nicht ganz korrekt, denn eine solche Beschleunigung lässt sich nicht durch Muskelkraft erreichen, sondern nur durch einen Katapult-Mechanismus. Für eine möglichst kraftvolle und präzise Katapultierung ist wichtig, dass die Hinterbeine möglichst synchron arbeiten. In der Nymphenphase sind die Hinterbeine deshalb durch winzige Zahnräder mechanisch ineinander verhakt – das Zahnrad hat die Käferzikade also zig Millionen Jahre vor uns Menschen erfunden. Sobald genug Energie

Käferzikaden-Nymphe

aufgeladen ist, lösen sich dann mit einem Mal beide Beine gleichzeitig.

Beim letzten Häutungsprozess zum adulten Tier werden die Zahnräder durch einen robusteren, reibungsbasierten Mechanismus ersetzt – vermutlich, weil ein Zahnradzähnchenbruch bei ihnen fatal wäre, da sie nicht mehr wie die Nymphen bei Häutungen die Möglichkeit zur Reparatur haben.

Auch die hübschen Wachsfäden auf dem Hinterleib der Nymphen erfüllen eine wichtige Funktion: Sie stabilisieren den Körper beim Sprung – ähnlich wie die Schwanzfedern bei Vögeln. Ohne sie würden sich die Tiere mehrfach in der Luft überschlagen[19] und entsprechend auch nicht immer auf ihren sechs Beinchen landen. Die adulten Zikaden nutzen zur Stabilisierung ihre Flügel, die sie im Sprung leicht ausbreiten können.

„Rerum natura nusquam magis quam in minimis tota est" philosophierte Plinius der Ältere vor 2000 Jahren – was so viel bedeutet wie „die Natur ist nirgends vollkommener als in den kleinsten Wesen". Ich finde, dieser Satz passt für die Käferzikade besonders gut.

BERNSTEIN-WALDSCHABE

(Ectobius vittiventris)

Ein harmloser Gast mit uralten Wurzeln

Biologisches Wissen erweitert nicht nur unseren Blick auf die Natur, es kann auch dabei helfen, unnötige Sorgen zu vermeiden. Etwa jene Panik, wenn sich in der Wohnung plötzlich eine – Alarm! – Schabe zeigt. In Wien kommt das in den vergangenen Jahren häufiger vor. Doch in den meisten Fällen hat deren Vorkommen nichts mit mangelnder Hygiene zu tun, sondern mit der nordwärts gerichteten Ausbreitung der Bernstein-Waldschabe *(Ectobius vittiventris)*.

[19] McDonald, C., Alcalde, G.T., Jones, T.C., Laude, R.A.P., Yap, S.A., Bhamla, S. (2024): Wax „Tails" Enable Planthopper Nymphs to Self-Right Midair and Land on Their Feet, Integrative and Comparative Biology 64, 619–631.

Bernstein-Waldschabe

Weltweit gibt es über 4.500 Schabenarten, von denen nur wenige als Vorratsschädlinge gelten und die Nähe zum Menschen suchen. Die große Mehrheit lebt zurückgezogen in der Natur und wird nur selten von Menschenaugen erblickt. Auch Mitteleuropa beherbergt mehrere Waldschabenarten. Zuletzt entdeckte ich eine (vermutlich eine Südliche Waldschabe) in unserem Rosmarinbusch. Sie saß dort ganz entspannt und erwies sich als geduldiges Fotomodell.

Die Bernstein-Waldschabe, derzeit vermutlich Wiens häufigste Art, war bis vor wenigen Jahrzehnten nur südlich der Alpen heimisch. Mit steigenden Temperaturen breitet sie sich zunehmend nach Norden aus. Forschende vermuten, dass sie sich entlang von Flusstälern ausgebreitet[20] hat. Alternativ könnte sie auch als blinder Passagier in Autos und Zügen gereist sein. Wärmeliebend wie sie ist, fühlt sie sich in Städten, in denen der aufgeheizte Beton immerhin ein paar Grad mehr garantiert, besonders wohl.

Anders als ihre ungeliebten Verwandten weiß die Bernstein-Waldschabe mit menschlicher Nahrung nichts anzufangen. Sie ernährt sich von abgestorbenen Pflanzenteilen und ist auf der Suche nach Laub und Mulm, nicht nach Kuchenbröseln. Verirrt sie sich doch einmal ins Haus, stirbt sie meist nach wenigen Tagen. Ihren bevorzugten Lebensraum findet sie in Gärten, etwa unter Blumentöpfen, und wahrscheinlich wür-

[20] Vidlička, Ľ., Pecina, P. (2021): Distribution and life history traits of *Ectobius vittiventris* (Blattaria: Ectobiidae) in Europe focused on the territory of Slovakia. Biologia 76, 3381–3397.

de auch sie sich in meinem schönen Rosmarinbusch wohlfühlen.

Mit rund eineinhalb Zentimetern Körperlänge ist sie in etwa so groß wie die Deutsche Schabe, unterscheidet sich aber durch das Fehlen der beiden dunklen Längsstreifen am Halsschild. Ein besonderes Merkmal der Schaben ist die sogenannte Oothek – ein festes Eipaket, in dem die Eier vor Fressfeinden und Austrocknung geschützt sind. Die Oothek der Bernstein-Waldschabe ist drei bis fünf Millimeter lang, dunkelbraun und leicht gebogen, mit feinen Querlinien zwischen den Kammern.

Schaben gehören zu den Insekten mit unvollständiger Entwicklung. Ihre Jungtiere sehen bereits beim Schlüpfen wie kleine Schaben aus und wachsen mit jeder Häutung, bis sie schließlich in der letzten Phase Flügel und Fortpflanzungsorgane entwickeln.

Ihre nächsten Verwandten sind übrigens Termiten und Gottesanbeterinnen. Die Vorfahren dieser drei Insektenordnungen sahen bereits aus wie heutige Schaben. Ein eindrucksvolles Zeugnis einer solchen frühen Form finden Sie im Paläozoikum-Saal des Naturhistorischen Museums Wien. Dort ist ein über 300 Millionen Jahre altes Fossil der ausgestorbenen Art *Mylacris anthracophila* ausgestellt, die eine Seitenlinie innerhalb dieser stammesgeschichtlichen Verwandtschaft repräsentiert.

Es erzählt die Geschichte eines erstaunlich stabilen Erfolgsmodells, das bereits mehrere Massenaussterbe-Ereignisse überdauert hat und womöglich auch noch den Menschen überlebt.

ROSSKASTANIEN-MINIERMOTTE

(Cameraria ohridella)

Per Anhalter ins Paradies

Die Rosskastanienminiermotte *(Cameraria ohridella)* kam quasi aus dem Nichts und stellte die Wissenschaft zunächst vor Rätsel. In den 2000er-Jahren erforschten Expert:innen die Ausbreitungsgeschichte[21] einer der häufigsten Kleinschmetterlingsarten Wiens intensiv.

Das plötzliche Auftreten der Motte sorgte damals für Spekulationen. Kurz zuvor war sie auf der Balkanhalbinsel entdeckt und wissenschaftlich beschrieben worden. Lag ihr Ursprung vielleicht in Nordamerika? Genetische Analysen sowie alte Herbarbelege mit Fraßspuren ergaben ein anderes Bild: Die Art stammt aus Südosteuropa. In den 1990er-Jahren kam es in Oberösterreich zu ersten dokumentierten Massenvermehrungen. Es sieht ganz danach aus, als hätte der Mensch der Motte unabsichtlich geholfen, die Distanz von etwa 1000 Kilometern aus ihrem ursprünglichen Verbreitungsgebiet zu überwinden.

Interessanterweise trat auch die Rosskastanie von Österreich aus ihren Siegeszug durch Europa an. Im 16. Jahrhundert brachte ein kaiserlicher Gesandter den

[21] Valade, R., Kenis, M., Hernandez-Lopez, A., Augustin, S., Mari Mena, N., Magnoux, E., Rougerie, R., Lakatos, F., Roques, A. and Lopez-Vaamonde, C. (2009): Mitochondrial and microsatellite DNA markers reveal a Balkan origin for the highly invasive horse-chestnut leaf miner *Cameraria ohridella* (Lepidoptera, Gracillariidae). Molecular Ecology 18, 3458-3470.

Rosskastanienminiermotte

Zierbaum aus Istanbul nach Wien. Rund 400 Jahre lang zierte sie prachtvoll Alleen und Parks, bis sie in den 1990er-Jahren von der Miniermotte befallen wurde. Ihrer Pracht war damit ein jähes Ende gesetzt.

Städte wie Wien oder Berlin sind ein wahres Paradies für die Tiere. Während Rosskastanien in ihrer Heimat nur vereinzelt wachsen, stehen in Wien rund 10.000 Bäume. Die Raupen fressen das Blattgewebe zwischen Ober- und Unterhaut. Es entstehen typische Minen, die die Blätter großflächig braun verfärben. Dadurch verringert sich auch die kühlende Wirkung der Bäume im Sommer.

Die Motten erinnern äußerlich an winzige Kleidermotten, nur bei starker Vergrößerung offenbart sich die helle Bänderung der bräunlichen Tierchen. Ich selbst war irritiert, als eines Abends mehrere von ihnen in meinem Zimmer herumflatterten, bis mir einfiel, dass sie wohl aus dem Kastanienbaum im Innenhof stammen mussten (und nicht aus meinem Kleiderschrank). Mindestens drei Generationen bildet die Art pro Jahr – genug Zeit also, um sich effizient auszubreiten.

Der Fall zeigt exemplarisch, wie gebietsfremde Arten heute in alle Welt reisen: per Flugzeug, Container, Reisegepäck oder auch bewusst eingeführt. Rund 200 neue Arten werden jedes Jahr in Gebieten nachgewiesen, in denen sie ursprünglich nicht heimisch sind. Weltweit sind mittlerweile über 37.000 gebietsfremde Arten dokumentiert[22], etwa 15 Prozent davon gelten als ökologisch problematisch, rund sieben Prozent beeinflussen die Lebensqualität des Menschen.

Nicht jede eingeschleppte Art richtet Schaden an, doch manche stellen Ökosysteme vor große Herausforderungen. Die Erforschung ihrer Wege hilft, künftig bewusster mit unserer global vernetzten Welt umzugehen. Und Wiens Kastanien? Die bekommen nach und nach rosa Verstärkung – denn die Fleischroten Rosskastanien, eine Kreuzung mit einer amerikanische Baumart, zeigen sich deutlich mottenresistenter. Schönheit mit Schutzfaktor, quasi.

22 IPBES (2023). Summary for Policymakers of the Thematic Assessment Report on Invasive Alien Species and their Control of the Intergovernmental Science-Policy Platform on Biodiversity and Ecosystem Services. Roy, H. E., Pauchard, A., Stoett, P., Renard Truong, T., Bacher, S., Galil, B. S., Hulme, P. E., Ikeda, T., Sankaran, K. V., McGeoch, M. A., Meyerson, L. A., Nuñez, M. A., Ordonez, A., Rahlao, S. J., Schwindt, E., Seebens, H., Sheppard, A. W., and Vandvik, V. (eds.). IPBES secretariat, Bonn, Germany.

GEMEINE SKORPIONSFLIEGE

(Panorpa communis)

Liebe geht durch den Magen

Mache ich im Sommer einen Spaziergang durch einen kühlen Wald, komme ich selten nach Hause, ohne zumindest einer Gemeinen Skorpionsfliege *(Panorpa communis)* begegnet zu sein. Sie sind keine besonders bekannten Insekten, dafür aber erstaunlich häufig anzutreffen.

Gemeine Skorpionsfliege

Skorpionsfliegen gehören zu den skurrileren Vertretern unserer Insektenwelt. Trotz ihres Namens sind sie keine Fliegen, sondern zählen (ebenso wie die Winterhaft, siehe Seite 153) zur Ordnung der Schnabelfliegen, sind also am schnabelartig verlängerten Kopf erkennbar. In Österreich kommen fünf Skorpionsfliegenarten vor, die sich unter anderem in ihrer oft auffälligen Flügelzeichnung unterscheiden.

Das markanteste Merkmal zeigen jedoch die Männchen: Das Ende ihres Hinterleibs ist leuchtend rot gefärbt und nach oben gebogen – fast wie der Stachel eines Skorpions. Doch es handelt sich weder um einen Giftstachel noch um eine andersartige Waffe, sondern um einen extravagant geformten Genitalapparat. Die Weibchen wirken im Vergleich deutlich unscheinbarer, ihr Hinterleib ist spitz zulaufend und etwas in die Länge gezogen.

Besonders gern würde ich einmal eine Paarung der Tiere beobachten. Nach einer ersten Annäherung, bei der das Männchen durch Flügelwinken und Vibrieren auf sich aufmerksam macht, folgt die eigentliche Werbung: ein proteinreiches „Hochzeitsgeschenk“. Das kann ein totes Insekt sein – manchmal sogar aus einem Spinnennetz stibitzt – oder ein selbst produziertes „Sekretbonbon“. Kommt es zur Paarung, so dauert diese in der Regel so lange, wie das Weibchen braucht, um das Geschenk zu verzehren. Liebe geht eben auch bei Skorpionsfliegen durch den Magen.

Das bleibt nicht ohne Folgen für die Nachkommenschaft[23]: Da sich die Weibchen mit mehreren Männchen paaren, gilt, je länger die Kopula, desto mehr Spermien werden übertragen – und desto größer ist der Anteil der Nachkommen des jeweiligen Männchens.

Die Eier legt das Weibchen später in kleine Spalten im Boden. Die Larven leben sehr verborgen, zumindest mir sind sie bislang noch nie bewusst begegnet. Sie wirken raupenartig, mit einer deutlichen Kopfkapsel, einem weichen, segmentierten Körper und Bauchbeinen. Den Großteil ihres Lebens verbringen sie in selbst angelegten Gängen im Boden und kommen meist nur nachts an die Oberfläche, um sich in der Laubstreuschicht von verrottendem Pflanzenmaterial zu ernähren.

Adulte Skorpionsfliegen bevorzugen schattig-feuchte Lebensräume. Entsprechend findet man sie häufig im Wald oder am Waldrand, in Wien etwa im Wienerwald oder im Prater. Doch auch Gebüsche und Wiesen zählen zu ihren Lebensräumen – wenn Sie die Augen offen halten, bin ich mir sicher, dass Sie bald eines dieser eigentümlichen, faszinierenden Insekten entdecken.

[23] Bockwinkel, G., & Sauer, K. P. (1994). Resource dependence of male mating tactics in the scorpionfly, *Panorpa vulgaris* (Mecoptera, Panorpidae). Animal behaviour, 47(1), 203-209.

BORSTIGE DOLCHWESPE

(Scolia hirta)

Auf Käferjagd im Hochbeet

Im Zuge meiner Arbeit im Naturhistorischen Museum Wien erhalte ich regelmäßig Bestimmungsanfragen zu Bienen, Wespen und Ameisen. Eine Art führt diese Liste mit großem Abstand an: die Borstige Dolchwespe *(Scolia hirta)*.

Anders als jene bekannten sozialen Faltenwespen, die sich gerne auf Tortenbuffets niederlassen, ist die Borstige Dolchwespe eine solitär lebende Art – eine von mehreren Hundert in Österreich. Solitär bedeutet: Jedes Weibchen lebt für sich und sorgt allein für den Nachwuchs. Es gibt kein Volk, keine Arbeiterinnen, keine Königin.

Ihr Körper ist tiefschwarz mit zwei auffälligen gelben Flecken auf dem Hinterleib – ein leicht erkennbares Muster, auch für das ungeübte Auge. Man trifft sie häufig in Gärten, denn dort findet sie, was sie sucht: Engerlinge von Rosenkäfern. Sie spürt sie mit ihrem hervorragenden Geruchssinn unter der Erde auf, gräbt sich zu ihnen durch, lähmt sie mit einem Stich und legt ein Ei darauf ab. Die Dolchwespen-Larve ernährt sich schließlich von der Käferlarve, bis nur noch deren Hülle übrig ist. Dieses Vorgehen praktizieren viele solitäre Wespenarten auf ähnliche Weise mit anderen Wirten.

Weil Rosenkäferlarven recht häufig vorkommen, treten Dolchwespen lokal auch in größerer Zahl auf –

Borstige Dolchwespe

etwa rund um Hochbeete. Doch keine Sorge, sie stechen nicht gerne! Jedes Tier verfolgt ausschließlich das Ziel, einen geeigneten Wirt für den eigenen Nachwuchs zu finden. Die adulten Tiere ernähren sich von Nektar und besuchen besonders gerne Blüten mit bläulichen oder grünlich-weißen Farbtönen, etwa Mannstreu, Feldthymian oder Acker-Witwenblume.

Für mich persönlich sind sie ein wenig wie alte Bekannte. In einem Föhrenwald in Polen, wo ich die Sommer meiner Kindheit verbracht habe, waren sie häufig in Lichtungen anzutreffen. Morgens, wenn es noch kühl war, krochen die Tiere langsam und träge über die Blüten – so langsam, dass ich sie gerne in die Hand nahm und auf meinen Fingern herumkrabbeln ließ.

In Wien ist die Borstige Dolchwespe schon länger häufig. In den vergangenen Jahren mehren sich auch Sichtungen in kühleren Regionen wie Oberösterreich oder Kärnten – ein Effekt der Erderwärmung.

Auch eine verwandte Art, die seltenere Rotstirnige Dolchwespe *(Megascolia maculata)*, kommt nach über 100 Jahren wieder im Osten Österreichs vor und hat 2025 die Grenze von Wien erreicht. Sie ist deutlich größer und das Weibchen hat einen auffälligen orangeroten Kopf (vielleicht kennen Sie sie aus dem Urlaub am Mittelmeer). Ich habe einige Jahre ihre Ausbreitung mit Unterstützung aufmerksamer Bürger:innen beobachtet, die ihre Sichtungen bei mir oder auf Plattformen wie naturbeobachtung.at oder iNaturalist meldeten.

Citizen Science Projekt zur Rotstirnigen Dolchwespe

Hier geht's zu der Natur-Beobachtungsapp iNaturalist

Die iNaturalist Handy-App kann ich allen wärmstens empfehlen. Sie nutzt künstliche Intelligenz, um auf Basis von Millionen Bildern erstaunlich treffsichere Bestimmungsvorschläge zu liefern – und das bei Tieren, Pilzen und Pflanzen. Auch ich nutze sie regelmäßig. Denn bei rund 40.000 Insektenarten in Österreich kenne selbst ich nur einen Bruchteil.

SECHSFLECK-WIDDERCHEN

(Zygaena filipendulae)

Ein Alchemist mit Liebe zu Giftcocktails

Für mich gehört es zu den schönsten Sommerinsekten überhaupt: das Sechsfleck-Widderchen *(Zygaena filipendulae)*, auch Blutströpfchen genannt – ein Name, der ebenso poetisch ist wie sein Erscheinungsbild. Dunkle, metallisch grün bis blau schimmernde Flügel tragen sechs leuchtend rote Punkte, die sofort ins Auge fallen.

Diese auffällige Färbung dient natürlich nicht unserer ästhetischen Beglückung. Sie transportiert eine klare Botschaft – gerichtet vor allem an Vögel. Denn das Blutströpfchen ist hochgiftig und zudem ausgesprochen ungenießbar. Die roten Punkte sollen sich potenzielle Fressfeinde einprägen: Schnabel weg, nie wieder kosten! Eine solche Warnfärbung nennt man Aposematismus.

Die Giftstoffe selbst sind cyanogene Glycoside, aus denen das Tier bei Gefahr giftige Blausäure freisetzen kann. Das Widderchen nimmt sie bereits als Raupe über seine Futterpflanzen auf, allen voran über den Gemeinen Hornklee. Um jedoch nicht vollständig von deren Angebot abhängig zu sein, beherrscht es eine besondere Kunst: Es kann diese Gifte auch selbst herstellen – ein wahrer Alchemist unter den Faltern!

Die giftigen Substanzen spielen im Leben des Sechsfleck-Widderchens eine so große Rolle, dass sie sogar bei der Paarung vom Männchen als „Brautge-

Sechsfleck-Widderchen

schenk“ an das Weibchen übergeben[24] werden. Die Giftstoffe dienen später dem Schutz des Weibchens und ihrer Eier. Ein Teil dieser Substanzen wird zuvor vom Männchen in Duftstoffe umgewandelt, sodass das Weibchen bereits am Geruch erkennen kann, wie reich an dem begehrten Stoff das Brautgeschenk sein wird und seine Wahl danach ausrichtet.

In Wien ist das Blutströpfchen die häufigste Widderchen-Art und überall dort zu finden, wo seine Wirtspflanzen wachsen. Einige verwandte Arten sehen ihm ähnlich, unterscheiden sich jedoch in der roten Zeichnung. Beim Sechsfleck-Widderchen sind es, wie der Name verrät, sechs rote Punkte, wobei die vorderen manchmal ineinander übergehen.

Viele Widderchen-Arten sind auf Pflanzen angewiesen, die auf nährstoffarmen oder zumindest nicht übermäßig nährstoffreichen Standorten wachsen. Durch Überdüngung gehen solche Flächen vielerorts verloren: Auf nährstoffreichen Böden setzen sich wenige konkurrenzstarke Pflanzen wie Löwenzahn und Gänseblümchen durch, während der Großteil anderer blühender Arten verschwindet. So widersprüchlich es auch erscheinen mag: Erst die Nährstoffarmut lässt Vielfalt entstehen, und mit ihr eine reiche Insektenwelt.

[24] Zagrobelny, M., Bak, S., Olsen, C.E., Lindberg Møller, B. (2007): Intimate roles for cyanogenic glucosides in the life cycle of *Zygaena filipendulae* (Lepidoptera, Zygaenidae), Insect Biochemistry and Molecular Biology 37, 1189-1197.

Vielleicht liegt genau darin der Zauber des Blutströpfchens: Nicht allein seine Schönheit fasziniert, sondern auch das, wofür es für mich irgendwie auch steht – für die Leichtigkeit des Seins. Eine intakte Blühwiese im Hochsommer, Blutströpfchen auf den Blüten: ein kleiner Augenblick einer heilen, immer noch idyllischen Welt.

ALPENBOCK

(Rosalia alpina)

Ein Urwaldrelikt im Wiener Stadtgebiet

Wer eine der auffälligsten und schönsten Käferarten Österreichs erleben möchte, sollte im Sommer einen Spaziergang durch den Lainzer Tiergarten machen, zur Jubiläumswarte wandern oder im Grünen Prater unterwegs sein. Denn im Juli ist die Hauptaktivitätszeit des Alpenbocks *(Rosalia alpina)* mit seinem himmelblauen Körper, seinen schwarzen Flecken und den elegant geringelten Fühlern.

Doch was macht ein *Alpen*-bock ausgerechnet in Wien? Naja, er schert sich herzlich wenig um menschliche Namensgebung. Es gibt zwar Populationen in den Kalkalpen, doch ebenso gut lässt sich der Käfer in den niederen Lagen rund um Wien oder Bratislava beobachten. Tatsächlich ist er in weiten Teilen Süd- und Mitteleuropas verbreitet.

Um noch eins drauf zu setzen: Er gilt als sogenannte Urwaldreliktart. Solche Arten benötigen oftmals Strukturen, wie sie in „Ur"- oder Naturwäldern anzutreffen sind, nämlich Totholz – stehend oder liegend, feucht oder sonnenbeschienen –, alte Bäume mit Baumhöhlen und Pilzbefall. Auf solche Strukturen haben sich etliche Arten im Laufe der Evolution spezialisiert. In bewirtschafteten Wäldern entnehmen Forstwirt:innen Bäume in der Regel in ihrem besten Alter für die menschliche Nutzung und damit noch bevor solche Strukturen entstehen können. Orte, an denen alte Bäume stehen bleiben durften und dürfen,

Alpenbock

Die ältesten Bäume Wiens

sind neben Schutzgebieten wie dem Lainzer Tiergarten und der Lobau auch Friedhöfe, alte Schlossgärten oder auch das Stadtgebiet selbst. In Wien sind manche Bäume mehr als 300 Jahre alt. Kleine Elemente, wie sie auch in einem Urwald vorkommen könnten.

Die Larven des Alpenbocks entwickeln sich bevorzugt in mächtigem noch stehenden Totholz von Buchen und einigen anderen Laubbäumen in sonniger Lage – also Stämmen mit einem Durchmesser von mindestens 70 Zentimetern und einer Höhe von einigen Metern. In Polen wurde zur Zeit des Ulmensterbens sogar eine Alpenbock-Population in landwirtschaftlicher Umgebung[25] an abgestorbenen Ulmen gefunden.

Es wäre also sinnvoll, durch gezielte Anreize sicherzustellen, dass abgestorbene Bäume auch in Kulturlandschaften möglichst lange erhalten bleiben und nur bruchgefährdete Äste entfernt werden. Denn die Entwicklung der Käfer dauert drei bis vier Jahre. Wird der Baum in dieser Zeit gefällt und weiterverarbeitet, ist der gesamte Nachwuchs verloren. Dabei gilt es auch, unsere eigene Wahrnehmung zu hinterfragen: Sehen wir in einem toten Baum ein Zeichen von Vernachlässigung oder einen für viele Arten unverzichtbaren Lebensraum?

Der Alpenbock ist im Rahmen der Fauna-Flora-Habitat (FFH) Richtlinie streng geschützt. Er steht dabei auch für viele Arten, die nicht den gleichen Schutzstatus genießen, aber vergleichbare Strukturen

[25] Ciach M., Michaelcewicz J. (2014): A unique location of *Rosalia alpina*. Polish Journal of Entomology 83, 71-77.

benötigen. Der Schutzstatus impliziert, dass bedeutende Lebensräume gesichert werden müssen, ihr Zustand erhalten oder verbessert wird und die Bestände regelmäßig erfasst werden. Zumindest das macht uns der Alpenbock recht leicht – denn die einzelnen Tiere lassen sich anhand ihrer individuellen Fleckenmuster gut voneinander unterscheiden[26].

BIENENWOLF-GOLDWESPE

(Hedychrum rutilans)

Eine schillernde Meister-Einbrecherin

„Man schützt nur, was man liebt, und man liebt nur, was man kennt", so der österreichische Verhaltensforscher Konrad Lorenz. Ich möchte ergänzen: Man muss um die Existenz einer Art wissen, damit sie sich unserem Blick offenbart. Das gilt besonders für Goldwespen, die wohl schillerndsten und schönsten heimischen Wespen. An die 150 Arten kommen in Österreich vor.

Kaum ein Insekt ruft bei meinen Führungen so viel Staunen hervor wie sie. Die meisten Menschen sind überzeugt, so ein Tier noch nie gesehen zu haben. Da-

[26] Caci, G., Biscaccianti, A.B., Cistrone, L., Bosso, L., Garonna, A.P., Russo, D. (2013): Spotting the right spot: computer-aided individual identification of the threatened cerambycid beetle *Rosalia alpina*. J Insect Conserv 17, 787-795.

bei begegnet man ihnen öfter, als man denkt: auf sonnenexponierten Holzbänken und Steinen, oder auch an Blüten, an denen sie Nektar trinken. Doch man muss wohl wissen, dass es sie gibt, um sie im bunten Gewimmel der Insektenwelt zu entdecken.

Die Farben der im Englischen treffend „jewel wasps" genannten Tierchen (goldfarben sind sie eigentlich nie) stammen nicht von Pigmenten. Es sind sogenannte Interferenzfarben: Licht wird an mikroskopisch dünnen Schichten des Außenskeletts gebrochen und reflektiert – ein Effekt wie bei Seifenblasen oder einem Ölfilm auf Wasser.

So auffällig ihr Äußeres, so raffiniert ist ihre Lebensweise als sogenannte Kuckuckswespen: Sie legen ihre Eier in die Nester oder an die Beute anderer Insekten, etwa von solitär lebenden Bienen oder Grabwespen. Besonders spannend ist der Fall der Bienenwolf-Goldwespe *(Hedychrum rutilans)*, die auf den Bienenwolf spezialisiert ist – eine Grabwespe, die Honigbienen fängt und als Proviant für ihre Larven nutzt.

Hier geht's zum Video

Idealerweise legt die Goldwespe ihr Ei auf die gelähmte Biene, noch bevor der Bienenwolf sie in sein unterirdisches Nest einträgt. Gelingt das nicht, dringt sie aktiv in den Bau ein – gewissenhaft und unauffällig. Ist der Eingang verschlossen, so wird er auch nach dem Verlassen wieder zugemacht. Ein waghalsiges Manöver, sollte man meinen. Doch überraschenderweise zeigt der Bienenwolf bei einem Aufeinandertreffen im Nest keinerlei Aggression. Und das, obwohl die Goldwespenlarve nach dem Schlüpfen die Bienenwolflarve tötet und anschließend deren Vorräte auffrisst.

Bienenwolf-Goldwespe

Die Erklärung für diese Duldung liegt in der perfekten Tarnung der Goldwespe – nicht visuell, sondern olfaktorisch. Insekten haben einen artspezifischen Geruch, und jener der Bienenwolf-Goldwespe hat sich im Laufe der Evolution zu einer nahezu perfekten chemischen Tarnung[27] entwickelt. Ihr Geruchsprofil (für Menschen nicht wahrnehmbar) ist dem des Bienenwolfs so ähnlich, dass sie von ihm nicht als Eindringling erkannt wird. Ihre schillernden Farben tun im Dunkeln des Nestgangs nichts zur Sache.

Es ist ein erstaunliches Beispiel dafür, wie komplex und ausgeklügelt die Lebensweisen von Insekten

[27] Strohm, E., Kroiss, J., Herzner, G. et al. (2008): A cuckoo in wolves' clothing? Chemical mimicry in a specialized cuckoo wasp of the European beewolf (Hymenoptera, Chrysididae and Crabronidae). Front Zool 5, 2.

sein können. Und nun erwarte ich von Ihnen natürlich nichts Geringeres, als dass Sie im Sommer Ausschau halten – im Park, auf der Wanderung, beim Blumengießen – und irgendwann eines dieser kleinen, schillernden Wesen entdecken und sich darüber freuen. Ich verspreche Ihnen: Wenn Sie einmal eine Goldwespe gesehen haben, sehen Sie sie plötzlich überall.

FEUERLIBELLE

(Crocothemis erythraea)

Knalliges Rot als Fitnessbarometer

Irgendwann im Sommer 2025 begegnete ich einem Tier, das mich seitdem in seinem Bann gefangen hält: einer Feuerlibelle *(Crocothemis erythraea)*. Ich kann es kaum fassen, wie durch und durch rot das Tier ist. Nicht nur Körper, Beine und Kopf, sogar die Flügelansätze und die Augen leuchten in dieser satten Farbe. Es gibt zwar einige Libellenarten, die einen roten Hinterleib haben, doch ein so intensives und umfassendes Rot zeigen nur die Männchen der Feuerlibelle. In Wien können Sie sie im Nationalpark Donauauen und in geringerer Zahl auch auf der Donauinsel und an der Alten Donau beobachten.

Warum aber stattet die Evolution ein Tier mit einer derart auffälligen Farbe aus? Tatsächlich spielen

Feuerlibelle

Farben im Leben von Libellen eine besondere Rolle[28]. Denn nicht nur ihre Farbpracht, auch ihr Farbsehen ist außergewöhnlich gut ausgeprägt: Libellen gehören vermutlich zu den Organismen, die die Welt am farbenreichsten wahrnehmen. Je nach Art kodieren

[28] Suárez-Tovar, C. M., Guillermo-Ferreira, R., Cooper, I. A., Cezário, R. R., & Córdoba-Aguilar, A. (2022): Dragon colors: the nature and function of Odonata (dragonfly and damselfly) coloration. Journal of Zoology, 317, 1–9.

bei Libellen bis zu 33 verschiedene Gene Opsine, also Eiweiße für die Farbwahrnehmung. Zum Vergleich: Wir Menschen verfügen gerade einmal über neun. Dadurch können Libellen nicht nur feinste Farbnuancen unterscheiden, sondern auch ultraviolettes Licht und Polarisationsmuster wahrnehmen – eine Welt, die für uns nur mit technischen Hilfsmitteln sichtbar wird. Darüber hinaus verändert sich ihre Farbwahrnehmung vom Larvenstadium, das sie unter Wasser verbringen, zum Adultstadium.

Die Männchen der Feuerlibelle legen sich ihre Farbenpracht natürlich zu, um den Weibchen zu imponieren. Wie bei den meisten Tierarten ist auch hier das männliche Geschlecht dafür zuständig, „schön“ zu sein. Anders als bei vielen anderen Libellenarten ist es tatsächlich ein „Ausfärbungsprozess”, denn sie schlüpfen wie die Weibchen in einer blass-orangen Färbung. Erst zur Geschlechtsreife nehmen sie die auffällige rote Färbung an.

Dahinter steckt harte biologische Arbeit: Verantwortlich sind Ommochrome, Farbpigmente, die aus dem Abbau der Aminosäure Tryptophan entstehen. Libellen können diese Stoffwechselprodukte nicht nur abbauen, sondern auch in rote Farbstoffe umwandeln und im Körper einlagern. Die Intensität des Rots verrät also etwas über die Fitness des Männchens: Nur wer genug Beute erjagt und Proteine effizient verstoffwechselt, kann solch leuchtende Farben hervorbringen. Forschende sprechen hier von einem „ehrlichen

Signal[29]“. Die Farbe ist nicht bloße Zierde, sondern gleichzeitig ein Signal der Jagd- und Stoffwechselleistung, und damit eine wertvolle Information für paarungsbereite Weibchen.

Das Männchen, dem ich begegnete, war demnach nicht nur schön, sondern auch ein erfolgreicher Jäger – sogar so erfolgreich, dass er nicht nur Artgenossinnen beeindrucken konnte, sondern auch mich in seinen Bann zog.

GEMEINE RAUBFLIEGE

(Tolmerus atricapillus)

Jägerin der Lüfte

„Wenn Fliegen hinter Fliegen fliegen, fliegen Fliegen Fliegen nach.“ Dieser alte Zungenbrecher kann sich fast nur um Raubfliegen drehen. Denn auf ihrem Speiseplan stehen tatsächlich viele andere Zweiflügler – Stubenfliegen, Schmeißfliegen, Bremsen – dazu Heuschrecken und allerlei andere Insekten. Umso besser also, sie in der Nähe zu haben.

Sie zu erkennen ist gar nicht so schwer. Raubfliegen sind größer als viele andere Fliegen und haben einen länglich gestreckten Körper. Die Gemeine Raubfliege

[29] G-Santoyo I, González-Tokman D, Tapia-Rodríguez M, Córdoba-Aguilar A. (2021): What doesn‘t kill you makes you stronger: Detoxification ability as a mechanism of honesty in a sexually selected signal. Funct Ecol 35, 1666-1678.

Gemeine Raubfliege

(Tolmerus atricapillus), die häufigste Art in Mitteleuropa, ist bräunlich gefärbt und hat unauffällig dunkelrote Beine. Mit rund zwei Zentimetern Körperlänge zählt sie zu den mittelgroßen Vertretern der Familie. Typisch sind auch die feinen Borsten, die den Körper locker bedecken und ihr ein etwas struppiges Aussehen verleihen.

Raubfliegen sind Ansitzjäger: Sie wählen erhöhte Plätze, von denen aus sie vorbeifliegende Beute jagen. Das kann ein Holzstapel, ein großer Stein oder ein Busch sein. Einige Arten jagen auch direkt vom Boden aus. Aber auch Menschenkörper eignen sich aus ihrer Sicht durchaus für diesen Zweck. Erschrecken muss man sich nicht. Auf uns haben sie es nicht abgesehen, im Gegenteil. Vielleicht erspart uns ihr blitzschneller

Angriff sogar den nächsten Bremsenstich. Ich stelle sie mir immer als kleinen Schulterdrachen vor.

Raubfliegen fangen ihre Opfer direkt im Flug, injizieren eine lähmende, vorverdauende Flüssigkeit und saugen sie dann aus. Auch ihre Larven wachsen räuberisch heran. Sie leben im Boden oder Totholz und ernähren sich dort von Käferlarven oder anderen Insekten.

Mein Kollege am Naturhistorischen Museum, Alexssandro Camargo, beschäftigt sich wissenschaftlich mit Raubfliegen und arbeitet derzeit an einem Katalog der österreichischen Arten. Etwa hundert sind bisher bekannt, doch allein 2025 konnten Alexssandro und andere Wissenschaftler:innen vier Arten neu für Österreich nachweisen. Vermutlich verbergen sich noch etliche weitere in unseren Wiesen und Wäldern, denn die Gruppe ist bisher wenig erforscht. Und viele Arten sind selten.

Das gilt nicht nur für Raubfliegen, sondern für Insekten generell: Wenige Arten sind wirklich häufig, die allermeisten selten. Welche gerade gedeihen, kann sich rasch ändern, wenn sich Umweltbedingungen wandeln. Daher ist auch die Artenvielfalt um uns herum so bedeutsam. Sie ist der Puffer, der unsere Ökosysteme stabil hält. Ob es nun heißer, kälter, trockener oder feuchter wird, bei einer großen Artenvielfalt ist immer eine Art dabei, für die es gerade passt, wodurch das Funktionieren des Ökosystems gewährleistet ist.

Der Gemeinen Raubfliege scheinen die aktuellen Bedingungen jedenfalls bestens zu gefallen – in Wien, in Österreich, in Europa. Man kann wohl sagen: Es läuft bei ihr.

EUROPÄISCHE HORNISSE

(Vespa crabro)

Eine faszinierende Überlebenskünstlerin

Es ist nicht lange her, da hatten wir ein Volk der Europäischen Hornisse *(Vespa crabro)* als Untermieter. Und zwar direkt unter dem Dachgiebel, wo ein Specht zuvor ein Loch in die Holzverschalung geschlagen hatte. Sie dürfen nun gerne die Augen verdrehen, aber mein Biologinnenherz war höchst erfreut! Ich stehe auf Hornissen.

Wir gerieten kaum in Konflikt, höchstens als die Feigen und Kriacherl im Garten reif waren. Denn anders als viele andere Hautflügler (also Bienen- oder Ameisenarten) bevorzugen Hornissen reifes Obst und Baumsäfte als Zuckerquelle. Aber es war genug für alle da. Und dass sich ein Volk überhaupt etabliert, ist alles andere als selbstverständlich: Nur rund ein Prozent aller Hornissenköniginnen schafft es so weit.

Ihr Leben beginnt im Spätsommer. Dann hat das Hornissenvolk seine maximale Volkgröße erreicht – im Idealfall sind es einige Hundert Individuen – und startet die Produktion der Geschlechtstiere: Männchen und Jungköniginnen. Nach der Verpaarung verstecken sich die Jungköniginnen im Herbst unter Baumrinde, in Moos oder in lockerer Erde. Der Rest stirbt mit den ersten Frösten. Doch auch viele Königinnen überleben den Winter nicht. Ist das Versteck zu feucht, zu kalt oder zu gut zugänglich, wird es, sei es durch Pilzbefall oder hungrige Spitzmäuse, zur Falle.

Die Überlebenden verlassen im April ihr Winterquartier. Die meisten beginnen bald mit der Suche nach einem geeigneten Nistplatz, etwa in Baumhöhlen, Dachböden oder Vogelnistkästen. Dann beginnt die härteste Phase: Die Königin baut erste Waben aus mit Speichel aufgeweichtem, morschem Holz, legt Eier, jagt Insekten und füttert die Larven – ein kräfteraubender Alleingang. Wenn alles gut läuft, schlüpfen nach rund einem Monat die ersten Arbeiterinnen, die von da an die Brutpflege ihrer Geschwister übernehmen.

Doch nicht alle Königinnen nehmen diese Mühen auf sich: Einige warten ab, bis ein anderes Nest eta-

Europäische Hornisse

bliert ist und versuchen, es in der Frühphase zu übernehmen. Die sogenannte Usurpation gelingt wohl nur selten[30]. Doch unter manchen Nestern häufen sich tote Königinnen – ein Hinweis auf erbitterte Kämpfe.

Ein etabliertes Hornissenvolk ist übrigens ein echter Segen im Garten. Bis zu einem halben Kilo Insekten vertilgt es pro Tag, darunter auch Fliegen und Wespen. Dabei sind Hornissen nicht nur tagsüber aktiv. Auch im Mondlicht können sie sicher navigieren. Die Fähigkeit zur Nachtsicht liegt dabei nicht an einer besonderen Anpassung, sondern schlicht an ihren großen Facettenaugen, die mehr Licht einfangen[31] als bei kleineren Arten.

Hornissen sind erstaunlich friedfertige Tiere, solange man nicht zu nah ans Nest kommt. Gefährlich ist ihr Stich für Menschen, die allergisch auf Wespenstiche sind. In Wien können Sie in so einem Fall auch bei den Berufsimkern der Feuerwehr anfragen, die ein junges Volk behutsam an einen besseren Ort umsiedeln können. Aber vielleicht gelingt es Ihnen ja auch, sich mit diesen beeindruckenden Insekten anzufreunden, und hinter der Fassade des wehrhaften Insekts das Volk zu sehen, das bereits zahlreiche Herausforderungen überwunden hat, um es so weit zu schaffen. Ein bisschen Bewunderung darf da ruhig mitfliegen.

[30] Foster, K.R., Ratnieks, F.L.W. and Raybould, A.F. (2000): Do hornets have zombie workers?. Molecular Ecology 9, 735-742.

[31] Kelber A., Jonsson F., Wallén R., Warrant E., Kornfeldt T., et al. (2011): Hornets Can Fly at Night without Obvious Adaptations of Eyes and Ocelli. PLOS ONE 6, e21892.

MATTER PILLENWÄLZER

(Sisyphus schaefferi)

Wenn Brutpflege Teamsache ist

Der „Heilige Skarabäus“ zählt zu den bekanntesten Insekten und ziert seit Jahrhunderten Schmuck und Kunstwerke. Seine Eigenheit, Kugeln aus Dung zu formen und über den Boden zu rollen, machte ihn im alten Ägypten zum Sinnbild des Sonnengottes – der täglich über den Horizont zieht und über Nacht unter der Erde verschwindet.

Doch für diese Beobachtung muss man nicht bis ins Niltal reisen. Ein Ausflug zu den Alten Schanzen in Stammersdorf, ins Kahlenbergdorf oder nach Kalksburg genügt: Dort lässt sich der Matte Pillenwälzer *(Sisyphus schaefferi)*, ein heimischer Vertreter der Dungkäfer, bei genau dieser Tätigkeit beobachten. Aus dem Kot von Weidetieren wie Schaf, Ziege oder Rind formt er kleine Kugeln – auch der Käfer selbst misst nur rund einen Zentimeter.

Der Aufwand beim Formen der Kugeln hängt von der Konsistenz des Ausgangsmaterials ab. So erfordert die Bearbeitung eines weichen Kuhfladens mehr Arbeit als die eines Schafbemmerls. Zunächst formt der Käfer Futterpillen für den Eigenbedarf, die er unterirdisch in Ruhe verspeist – in sicherer Entfernung vom Ort des Geschehens, wo oft eine ganze Schar von Nahrungskonkurrenten unterwegs ist.

Doch nicht nur der Eigenbedarf wird durch den Dung gedeckt, auch der Nachwuchs soll versorgt sein. Dabei ist der Matte Pillenwälzer durchaus emanzi-

Matter Pillenwälzer

Dungkäfer beim Kugelrollen

piert unterwegs: Männchen und Weibchen arbeiten partnerschaftlich zusammen. Während einer schiebt, zieht der andere die Kugel, und auch beim Eingraben übernimmt einer das Graben, der andere schaufelt das Erdreich nach oben.

Ist das Nest vorbereitet, überlässt das Männchen dann aber doch dem Weibchen die Feinarbeit. Dieses formt aus der Dungkugel eine sogenannte Brutbirne, arrangiert sie sorgfältig um ein einzelnes Ei und schließt das Ganze in einer unterirdischen Höhle ab. Insgesamt kann diese aufwendige Brutpflege bis zu zwölf Stunden pro Ei dauern. Entsprechend produziert jedes Pärchen auch nur an die zehn Nachkommen.

Eineinhalb bis zwei Monate dauert die Entwicklung im schützenden Untergrund, bis sich im August oder September der fertig entwickelte Käfer wieder an die Oberfläche gräbt. Dort verzehrt er einige Futterpillen, bevor er den Winter unterirdisch in einem Ruhestadium überdauert.

Ökologisch ist seine Tätigkeit äußerst wertvoll. Die eingegrabenen Dungkugeln bringen Nährstoffe in den Boden ein, verbessern die Durchlüftung und Wasserspeicherfähigkeit und reduzieren die Bodenerosion. Doch viele Dungkäferarten sind gefährdet – unter anderem durch den Rückgang extensiver Weidewirtschaft und den vorbeugenden Einsatz von Entwurmungsmitteln. Weidetiere scheiden diese zu einem großen Anteil wieder aus, was zu einer erhöhten Sterblichkeit bei Dunginsekten führt.

Der wissenschaftliche Gattungsname des Pillenwälzers – *Sisyphus* – verweist auf Sisyphos, jenen tragischen Helden der griechischen Mythologie, der dazu verdammt war, eine Kugel ewig einen Hang hinaufzurollen. Der Matte Pillenwälzer bevorzugt in der Tat sonnige Hanglagen. Zum Glück entgleitet ihm die Kugel beim Hinaufrollen nur hin und wieder.

GEFLECKTFLÜGELIGE AMEISENJUNGFER

(Euroleon nostras)

Vom gnadenlosen Lauerjäger zur nächtlichen Schönheit

Im August kann man nachts manchmal bräunliche, libellenartige Insekten an Leuchtquellen entdecken. Doch echte Libellen sind zu dieser Zeit längst zur Ruhe gekommen. Wer hingegen unterwegs ist, ist die Gefleckftflügelige Ameisenjungfer *(Euroleon nostras)*. Sie ist eine Vertreterin der Netzflügler – einer Insektenordnung, zu der auch die bekannteren Florfliegen gehören.

Schaut man genau, lässt sich eine Verwechslung leicht vermeiden: Libellen haben winzige Fühler, während die der Ameisenjungfer lang, leicht gebogen und unübersehbar sind. Auch die Flügelhaltung unterscheidet sie von anderen. Bei Ameisenjungfern ruhen die Flügel dachartig über dem Hinterleib – ein Merkmal, das sie mit anderen Netzflüglern gemeinsam haben. Und auch beim Flug sieht man den Unterschied deutlich. Während Libellen zielstrebig jagen, flattern Ameisenjungfern eher schmetterlingshaft durch die Nacht.

In Österreich ist die Gefleckftflügelige Ameisenjungfer keine Seltenheit, aber da die adulten Tiere nur wenige Wochen leben und ausschließlich nachts aktiv sind, bekommt man sie nicht oft zu Gesicht. Ganz anders sieht es mit ihren Larven aus. An die zwei Jahre

Geflecktflügelige Ameisenjungfer

verbringt die Ameisenjungfer in dieser Gestalt, als so genannter Ameisenlöwe.
Sie sind Lauerjäger mit einer beeindruckenden Technik. Haben Sie sich schon mal gewünscht, dass Ihnen das Essen ohne große Jagd (heutztage Einkaufsstress) direkt in den Mund fällt? Ameisenlöwen können das: Sie bauen im Sand trichterförmige Fallen und vergraben sich selbst am tiefsten Punkt. Nur die mächtigen Zangen ragen hervor. Nähert sich ein ahnungsloses

Die Fallen der Ameisenlöwen

Ameisenlöwe

Insekt, eine Ameise oder auch ein größerer Käfer, gerät es schnell ins Rutschen. Dabei spürt der Ameisenlöwe das herannahende Insekt bereits aus einer Entfernung von bis zu zwölf Zentimetern[32].

Bemerkt das Beutetier, in welche Lage es geraten ist und versucht zu fliehen, schleudert der Ameisenlöwe schaufelweise Sand nach, bis der Abrutsch gewiss ist und er mit den Zangen blitzschnell zuschnappt. Dann

[32] Devetak, D., Mencinger-Vračko, B., Devetak, M., Marhl, M. and Špernjak, A. (2007): Sand as a medium for transmission of vibratory signals of prey in antlions *Euroleon nostras* (Neuroptera: Myrmeleontidae). Physiological Entomology 32, 268–274.

injiziert er Verdauungssäfte in das Beutetier und saugt es aus. Ist die Mahlzeit beendet, wird der Trichter sorgfältig repariert und es heißt: warten auf den nächsten Gang.

Solche Sandtrichter findet man an trockenen Bodenstellen, etwa an Wegrändern, unter Mauervorsprüngen, oder neben Häusern, wo kein Regen hinkommt und das Substrat schön locker bleibt. Wenn der Standort passt, können sich dort viele Larven nebeneinander ansiedeln und der Boden wird zu einer kleinen Kraterlandschaft.

Wer einmal sehen will, wie so ein Ameisenlöwe aussieht, kann mit der Hand vorsichtig, aber beherzt in den Sand unter den tiefsten Punkt des Trichters fahren. Mit etwas Glück hat man ihn dann auf der Hand. Natürlich bitte nur einmal, denn er hat sich sein Versteck mit Mühe gebaut. Aber wenn man noch nie einen gesehen hat und neugierig ist, verspreche ich ein eindrückliches Erlebnis.

HAUSGELSE

(Culex pipiens molestus)

Ein romantischer Plagegeist

Ein Sommer ohne Gelsen, das wär' was! Keine nächtlichen Selbst-Ohrfeigen, keine Flucht von der Terrasse ins Haus, keine aufgekratzten und immer noch juckenden Dippel. Doch das Leben ist, wie es ist – inklusive Gelsen. Wobei es „die Gelse“ in dem Sinn

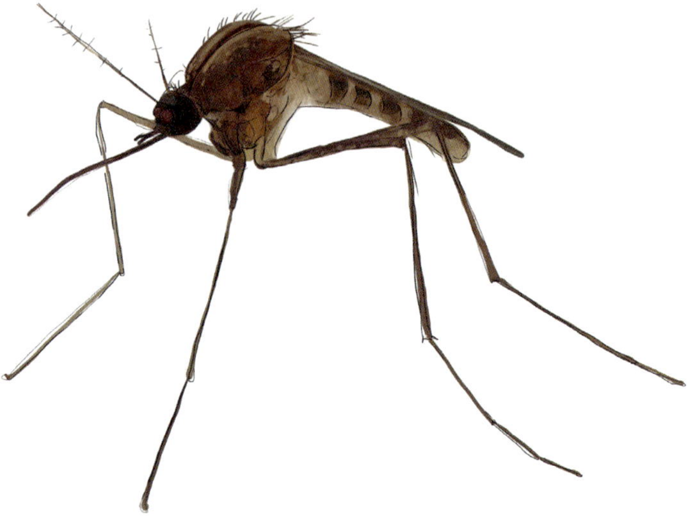

Hausgelse

Die Gelsenarten Österreichs

eigentlich gar nicht gibt. Allein in Österreich kommen an die 50 Gelsen-Arten vor. Darunter auch solche, die bei ihrer Blutnahrung auf Vögel spezialisiert sind. Eine der häufigsten Arten ist die Hausgelse, *Culex pipiens molestus*. Es ist eine Form, die besonders an den Menschen als Wirt angepasst ist („molestus" sagt ja schon alles).

Doch was für uns das Grauen schlechthin ist – das ultrahohe, allzu gut bekannte „Ihhh"-Geräusch – ist für andere Musik in den Ohren, nämlich für die Gelsen-Männchen. Mit ihren beborsteten Antennen, an denen man sie auch mit freiem Auge relativ leicht von den Weibchen unterscheiden kann, erkennen sie

Weibchen ihrer Art. Auch die Weibchen hören mit Organen an den Antennen. Der Klang von Gelsen wird dabei von der Flügelschlag-Frequenz bestimmt und ist artspezifisch. Forscher:innen nutzen ihn sogar zur Erkennung und Überwachung einzelner Gelsenarten[33]: Lass mich hören, wie du klingst, und ich sage dir, wer du bist. Funkt es zwischen zwei Gelsen, passen beide ihre Flügelschlagfrequenz aneinander an und erzeugen als „Vorspiel" eine harmonische Konvergenz – wenn das nicht romantisch ist!

Weniger romantisch ist die Sache mit dem Stechen. Das machen ausschließlich die Weibchen, denn sie brauchen die Nährstoffe aus dem Blut von Wirbeltieren, um ihre Eier reifen zu lassen. Mit ihren stechend-saugenden Mundwerkzeugen injizieren sie dabei auch einen Cocktail aus Betäubungsmittel und Gerinnungshemmer, auf den unser Körper mit Histamin reagiert. Juckreiz, Rötung und Schwellung sind die Folge. Die Eier werden schließlich in Grüppchen als so genannte Schiffchen an der Oberfläche von Gewässern abgelegt, wobei das bei der Hausgelse auch eine einfache Regentonne sein kann. Die Larven atmen im Wasser unter der Wasseroberfläche über ein Atemrohr Luft und ernähren sich von Schwebeteilchen und Kleinstlebewesen.

Wie leben Gelsenlarven? (ab Minute 2:30)

Dass Gelsen in großer Zahl auftreten, macht sie für uns zur Qual – aber ökologisch umso wichtiger: Im

[33] Steele, C.H., McDermott, E.G. (2022): Male and Female Mosquito (Diptera: Culicidae) Attraction to Sound and Its Relevance to Potential Applications in Vector Surveillance, Annals of the Entomological Society of America 115, 113-126.

Wasser dienen die Larven Jungfischen und Amphibien als leicht verfügbare Nahrung und an Land können sich Schwalben und insektenfressende Fledermausarten den Bauch vollschlagen. Mit jedem Dippel, den man davonträgt, füttert man also indirekt die nächste Generation dieser Tiere. Vielleicht kann das ja als winzig kleiner Trost für den nächsten nächtlichen Kratz-Exzess dienen.

GRÜNES HEUPFERD

(Tettigonia viridissima)

Vom Fressen und Nicht-gefressen-werden

Wahrscheinlich sind Sie ihm schon das eine oder andere Mal begegnet, dem Grünen Heupferd *(Tettigonia viridissima)*. Es ist eine der größten Heuschreckenarten Wiens und – als sogenannter Kulturfolger mit einer Vorliebe für Gärten, Parkanlagen, Hecken und Gstett'n – auch die am weitesten verbreitete. Vor allem die Männchen verraten die Häufigkeit dieser Art an warmen Sommerabenden durch ihr lautes Zirpen, mit dem sie versuchen, Weibchen anzulocken.

So klingt Heupferd-Zirpen

Viele denken bei Heuschrecken an harmlose Pflanzenfresser, die anderen Tieren als Futter dienen. Das Grüne Heupferd passt allerdings nicht in dieses Bild. Einerseits ernährt es sich alles andere als vegetarisch: Junge Heupferde fressen Blattläuse und kleinere Insekten, ausgewachsene Tiere etwas größere, wie Käferlarven oder Schmetterlingsraupen. Selbst Art-

Grünes Heupferd

genossen sind vor ihnen nicht sicher, besonders wenn diese schon geschwächt sind.

Das Grüne Heupferd selbst ist alles andere als eine leichte Beute. Wer schon einmal eines in höheren Stockwerken zu Besuch hatte, weiß: Sie können ausgezeichnet fliegen. Als nachtaktive Fluginsekten müssen sie sich besonders vor Fledermäusen in Acht nehmen.

Um ihnen zu entkommen, hat das Heupferd ein bemerkenswertes Abwehrprogramm[34] entwickelt.

[34] Schulze, W., Schul, J. (2001): Ultrasound Avoidance Behaviour in the Bushcricket *Tettigonia Viridissima* (Orthoptera: Tettigoniidae). J Exp Biol 204, 733-740.

Schon aus 20 Metern Entfernung, also lange, bevor die Fledermaus das Heupferd durch Echoortung wahrnehmen kann, registriert es die Ultraschallrufe einer Fledermaus und ändert die Flugrichtung, um ihr auszuweichen. Nähert sich die Jägerin auf etwa zehn Meter, stellt es den Flügelschlag der Hinterflügel ein und sinkt mit aufgespannten Vorderflügeln unauffällig nach unten. Und wird es wirklich brenzlig und die Fledermaus nähert sich auf etwa fünf Meter – also aktive Jagd-Distanz –, klappen sie alle Flügel für mehrere Sekunden zusammen und legen einen spektakulären Sturzflug hin, um zu entkommen.

Heupferd-Weibchen bei der Eiablage

Die Weibchen der Heupferde sind leicht an ihrer langen, schwertförmigen Legeröhre am Hinterleibsende zu erkennen. Mit ihr bohren sie mehrere Hundert Eier in den Boden. Das kann durchaus auch die Erde in einem Blumentopf sein. Wer das beobachtet und den kleinen zukünftigen Blattlaus-Jägern eine Chance geben möchte, darf die Erde längere Zeit nicht wechseln. Denn die Embryonalphase im Ei dauert bei Heupferden sehr lange: Die Jungtiere schlüpfen frühestens im zweiten Jahr, manchmal sogar erst nach fünf.

Diese Strategie hat einen Vorteil. Eier sind weitaus widerstandsfähiger als Larven oder adulte Tiere. Während extreme Wetterereignisse ganze Generationen anderer Arten regional nahezu auslöschen können, bleiben die Eier der Heupferde im Boden und sichern so das Fortbestehen der Art. In Zeiten wie diesen eigentlich eine ausgezeichnete Strategie. So wird uns das Grüne Heupferd wohl noch lange erhalten bleiben.

EUROPÄISCHE GOTTESANBETERIN

(Mantis religiosa)

Charismatische Jägerin mit Hang zum Kannibalismus

Ihr dreieckiger Kopf, ihre beachtliche Größe und ihre Fangbeine – mit etwas Fantasie in Gebetshaltung – machen sie wohl zu einem der unverkennbarsten Insekten Wiens: die Europäische Gottesanbeterin *(Mantis religiosa)*. In meiner persönlichen Liste der Lieblingsinsekten belegt sie einen Fixplatz am Stokkerl. Nicht allein wegen ihrer eleganten Erscheinung, sondern vor allem wegen ihres Verhaltens: Während viele Insekten panisch wegfliegen, sobald sie uns entdecken, dreht die Gottesanbeterin den Kopf und fixiert uns. Sie inspiziert uns, genau wie wir sie inspizieren, und wirkt dabei neugierig, aufmerksam und ganz schön selbstbewusst.

Berühmt-berüchtigt ist die Gottesanbeterin allerdings für etwas anderes: ihren sexuellen Kannibalismus. Unter den rund 2500 bekannten Arten dieser Insektenordnung kommt es häufig vor, dass Männchen im Zuge ihres Annäherungsversuchs, der Kopula oder im Anschluss daran gefressen werden. Bei der Europäischen Gottesanbeterin passiert das in etwa 30 Prozent der Fälle[35].

[35] S.E. Lawrence (1992): Sexual cannibalism in the praying mantid, *Mantis religiosa*: a field study, Animal Behaviour 43, 569-583.

Europäische Gottesanbeterin

Für das Weibchen ist das ein nahrhafter Gewinn, denn ein Männchen hat eine Beutegröße, die sie sonst nur schwer erjagen könnte. Die zusätzliche Energie ermöglicht es dem Weibchen, größere Eier zu produzieren, und erhöht damit die Überlebenschancen des Nachwuchses. Entsprechend neigen besonders schlecht genährte Weibchen dazu, die Männchen zu verspeisen. Doch warum gehen die Männchen überhaupt das

Risiko ein, sich einem schlecht genährten Weibchen zu nähern? Der Schlüssel liegt in den Pheromonen, die Weibchen freisetzen, um Männchen anzuziehen – eigentlich ein ehrliches Signal für Fruchtbarkeit. Doch wie eine Studie zeigte[36], sind nicht alle Weibchen ehrlich. Die am schlechtesten genährten Weibchen investieren ihre knappen Energiereserven oft in die Produktion besonders starker Lockstoffe. Für Männchen wirken sie dadurch attraktiver als die tatsächlich fruchtbareren Artgenossinnen – ein betrügerisches Signal, das das Männchen ins Verderben führt, der hungrigen Jägerin jedoch genug Reserven für eine zukünftige Eiablage verschafft.

Diese erfolgt schließlich in Form einer Oothek: Die Eier werden in eine schaumige Hülle eingebettet (Illustration auf nächster Seite), die aushärtet und sie zuverlässig vor Austrocknung, Kälte und Fressfeinden schützt. Im Frühjahr schlüpfen dann die jungen Gottesanbeterinnen, die den adulten Tieren bereits in ihrem Aussehen ähneln, und begeben sich auf die Jagd. Seit kurzem ist die Europäische Gottesanbeterin übrigens nicht mehr die einzige Gottesanbeterinnen-Art Wiens: Ende 2024 wurde im Ernst-Paul-Zimper-Park (Wien-Donaustadt) erstmals eine Population der Transkaukasischen Gottesanbeterin *(Hierodula transcaucasica)* nachgewiesen. Diese Art breitet sich aktuell in Süd- und Mitteleuropa aus. Es handelt sich wohl um

36 Barry, K.L. (2015): Sexual deception in a cannibalistic mating system? Testing the Femme Fatale hypothesis. Proc Biol Sci 282, 20141428.

Oothek einer Gottesanbeterin

eine vorwiegend natürliche Ausbreitung im Zuge der Klimaerwärmung[37]. Die Art ist deutlich größer als die Europäische Gottesanbeterin und hat einen weißen Punkt auf den Vorderflügeln. Ob sie genauso neugierig ist, muss ich erst herausfinden.

[37] Pintilioaie, A.-M., Sfică, L., Baltag, E.S. (2023): Climatic Niche of an Invasive Mantid Species in Europe: Predicted New Areas for Species Expansion. Sustainability 15, 10295.

GEMEINE ROSEN-GALLWESPE

(Diplolepis rosae)

Eine Meisterin der Manipulation

Eine Rosengalle haben vermutlich viele von Ihnen schon einmal gesehen: ein zotteliges Büschel von einigen Zentimetern Durchmesser, das aus den Ästen von Rosensträuchern wächst. Besonders häufig entstehen sie an Hundsrosen – einer Wildrosenart, die auch in vielen naturnahen Wiener Gärten zu finden ist. Das Insekt, das den Büschel verantwortet, kennen hingegen die wenigsten: die Gemeine Rosengallwespe *(Diplolepis rosae).*

Es handelt sich dabei um eine drei bis fünf Millimeter kleine, rotbraun-schwarz gefärbte Wespe, die

Gemeine Rosen-Gallwespe

weitaus unscheinbarer ist als ihre Werke. Klein, aber ganz schön mächtig, könnte man sagen, denn sie schafft es, die Abwehrmechanismen und das Immunsystem der Rosen zu umgehen und so zu manipulieren, dass diese völlig neue Strukturen bildet: Gallen, die der Wespenlarve als Kinderstube und Nahrungsvorrat dienen.

So sieht der Vorgang dann aus

Konkret sticht das Weibchen einen Ast mit seiner Legeröhre an und spritzt gemeinsam mit einem Ei eine spezielle Substanz hinein. Die genaue Position der Eiablage ist dabei wesentlich. Denn sie benötigt Pflanzenzellen, die sich noch teilen und in verschiedene Zelltypen verwandeln können, ähnlich wie Stammzellen beim Menschen.

Das Ei und die Flüssigkeit bringen die Zellen, die das Ei direkt umgeben, dazu, abzusterben und so eine kleine Bruthöhle zu bilden. Sobald die Larve geschlüpft ist, bildet sich die angrenzende Schicht nach und nach in nahrhaftes Gewebe um, das in seiner Zusammensetzung mit jenem von Pflanzensamen vergleichbar ist. Es kommt in dieser Form ansonsten nirgends in der Pflanze vor. Die äußere Schicht formt schließlich die auffälligen Büschel, die wir von den Rosen kennen.

Die Larve entwickelt sich den Sommer über in dieser Galle, verpuppt sich und überwintert darin, bis im folgenden Jahr die adulte Wespe schlüpft. Dabei ist die Rosen-Gallwespe nur eine von etwa 1400 Gallwespen-Arten weltweit[38]. Je nach Art nutzen sie verschiedene

[38] Egan, S.P., Hood, G.R., Martinson, E.O., Ott, J.R. (2018): Cynipid gall wasps. Current Biology 28, R1370–R1374.

Rosengalle

Pflanzen und Pflanzenteile – Blätter, Knospen, Äste oder Wurzeln – zur Bildung ihrer Gallen. Zu den auffälligeren und bekannteren Formen gehören die sogenannten Galläpfel, auffällige kugelrunde Gebilde, die an der Unterseite von Eichenblättern wachsen und ein wenig an Kastanien erinnern.

Die Vielfalt der Gallen

Aber auch die Pflanze weiß sich zu wehren: Sie reichert etwa Gallotannine, also Gerbstoffe gegen die Gallwespen, an. Schon in der Antike extrahierten Menschen diese Stoffe aus den Gallen und nutzten sie für die Herstellung von Gerb- und Farbstoffen sowie Arzneimitteln. Die so genannte Eisengallustinte, mit der schon Leonardo da Vinci und Rembrandt zeichneten, wird immer noch wegen ihrer Haltbarkeit und Dokumentenechtheit geschätzt und verwendet.

Wenn die Wespen schließlich im Frühjahr ihre Galle verlassen – mithilfe kräftiger Mundwerkzeuge, die sie nur zu diesem Zweck einsetzen, denn als adulte Tiere nehmen sie keine Nahrung mehr zu sich –, ziehen oft andere Bewohner ein: Ohrwürmer, Florfliegenlarven und auch manche Käfer nutzen die verlassenen Gallen[39] gerne als Versteck, und manche Ameisenarten sogar als Behausung für ein ganzes Volk.

HERBST-KÖCHERFLIEGE

(Stenophylax vibex)

Ein Sommer-Muffel aus gutem Grund

Viele Insektenarten nutzen die warme Jahreszeit, um sich fortzupflanzen. Doch es gibt durchaus auch Sommer-Muffel, „über-sommernde“ Arten, also solche, die die trockenen heißen Tage des Sommers in einer Art Ruhephase versteckt überdauern. Eine davon ist die Köcherfliege *Stenophylax vibex*. Aus Mangel eines offiziellen deutschen Namens nenne ich sie einfach Herbst-Köcherfliege. Denn erst im Herbst, wenn es wieder feuchter und kühler ist, wird sie aktiv.

Sie ist wie die meisten Köcherfliegen ein mittelgroßes, braunes, eher unauffälliges Insekt mit langen, meist nach vorne gerichteten Fühlern und dachförmig

[39] Ward, A.K.G., Busbee, R.W., Chen, R.A. et al. (2022): The Arthropod Associates of 155 North American Cynipid Oak Galls. Zool. Stud. 61, e57.

aufgestellten Flügeln. Wer genauer hinsieht, erkennt die feine Behaarung der Flügel (der wissenschaftliche Name der Köcherfliegen ist *Trichoptera* und bedeutet „Haarflügler"). Damit erinnert sie an kleine Nachtfalter, und das ist kein Zufall: Schmetterlinge sind tatsächlich ihre nächsten Verwandten.

Die Larven der meisten Köcherfliegenarten leben im Wasser. Manche weisen auf ausgezeichnete Gewässerqualität von Bächen und Flüssen hin und kommen nur in naturnahen Gewässern mit sehr sauerstoffreichem Wasser vor. Die Herbst-Köcherfliege hingegen hat sich auf saisonal austrocknende Gewässer spezialisiert. Entsprechend muss sie den Sommer abwarten, was sie etwa im Wienerwald auch in Höhlen tut. Sobald

Herbst-Köcherfliege

sich im Herbst die Bäche wieder füllen, beginnt ihre Saison. Erst dann kann sie ihre Eier legen, aus denen Larven schlüpfen.

Die Vielfalt der Köcher

Köcherfliegen haben ihren Namen von dem Köcher, den sich die Larven vieler Arten bauen und in dem sie ihre Larvenzeit verbringen. Das können kleine Kunstwerke sein. Mit Seidenfäden spinnen sie Materialien aus ihrer Umgebung zu einer schützenden Hülle zusammen: Steinchen und Sand, geometrisch angeordnete winzige Holzstückchen, Schneckenschalen oder Wassermoosblättchen. Jede Art hat dabei ihre eigene Bauweise.

Hubert Duprats Kunstwerke

Der französische Künstler Hubert Duprat hatte die Idee, ihnen kleine Goldstücke und Schmucksteine zur Verfügung zu stellen. Auch das nahmen die Larven gerne an und fertigten Kunstwerke, die auch weniger naturverbundenen Menschen als solche erkennbar waren. Die Herbst-Köcherfliege gibt sich bescheiden und verwendet kleine Blattteile für ihren Köcher. Damit wandert sie herum und frisst organisches Material wie Wasserpflanzen, herabgefallenes Laub oder andere Tiere.

Sie durchläuft fünf Larvenstadien, nach jeder Häutung muss der Köcher erweitert werden. Nach einigen Monaten ist die Entwicklung abgeschlossen. Im März schlüpfen die adulten Köcherfliegen dann aus der Puppe. Und anstatt gleich loszulegen, verschwinden sie für den Sommer wieder in ihre Verstecke, bis es kühler und feuchter wird und die Bäche im Herbst wieder Wasser führen. Ein Konzept, das sicher auch bei manchen Menschen Anklang fände.

GRÜNE FLORFLIEGE

(Chrysoperla carnea) 

Eine Identitätssuche im Museumslabor

Sie war das Thema meiner ersten wissenschaftlichen Arbeit: die Grüne Florfliege, *Chrysoperla carnea*. Sie ist ein unauffälliges Insekt – zartgrün, mit durchsichtigen, fein geäderten Flügeln und schimmernden goldenen Augen. Nicht lästig, nicht laut, nicht allzu schnell und auch nicht imposant. Gesehen haben Sie sie bestimmt schon einmal, aber ob sie Ihnen auch aufgefallen ist?

Im Herbst verirrt sich die Florfliege gern in unsere Wohnungen. Dort sitzt sie dann unbeholfen an der Wand, wenn draußen die ersten kalten Tage den Winter ankündigen. Eigentlich sucht sie nur ein frostfreies Versteck, um zu überwintern. Im Herbst verfärbt sich auch ihr frisches Frühlingsgrün ins Bräunliche – perfekt, um sich in Laubhaufen zu tarnen.

Auch im Garten ist sie präsent, und zwar nicht nur als adultes Tier. Ihre Larven gehören zu den wichtigsten Nützlingen im ökologischen Pflanzenschutz. Mit kräftigen Saugzangen packen sie Blattläuse, Wollläuse, Thripse und andere Kleininsekten, injizieren Verdauungssäfte und saugen sie aus.

Doch die eigentlich spannende Geschichte beginnt in den 1990er-Jahren. Damals stellte sich heraus, dass es „die" Grüne Florfliege gar nicht gibt. Hinter dem Namen verbirgt sich ein Komplex von rund zwanzig Arten. Äußerlich sind sie kaum bis gar nicht zu unterscheiden, durch artspezifische Vibrationsgesänge[40] jedoch reproduktiv streng voneinander getrennt. Paarungspartner setzen ihren Hinterleib in Schwingung, übertragen die Vibrationen über die Beine auf das Blatt und erkennen am Rhythmus, ob es passt. „We have the same vibe" bekommt hier eine sehr biologische Bedeutung.

Für die Wissenschaft war die Ähnlichkeit der Arten jedoch ein Problem. Denn wie sollte man bestimmen, welche der äußerlich identischen Arten nun tatsächlich die echte, 1836 beschriebene *Chrysoperla carnea* ist? Solche Fragen sind keine Spitzfindigkeiten, sondern wichtig, um bei der großen Vielfalt der Arten Ordnung zu bewahren. Die Lösung war so elegant wie aufwendig: Aus dem 180 Jahre alten Typusexemplar – also jenem, das dem Erstbeschreiber vorlag und seitdem im Naturhistorischen Museum in London aufbewahrt wird – konnten mit aufwendigen Methoden noch DNA-Fragmente gewonnen[41] und mit dem Erbgut lebender Tiere abgeglichen werden.

So ließ sich eindeutig klären, welche Art tatsächlich *Chrysoperla carnea* ist. Und es stellte sich heraus: Es ist jene Art, die bis heute am häufigsten im biologischen Pflanzenschutz eingesetzt wird.

40 Henry, C.S., Brooks, S.J., Duelli, P., Johnson, J.B., Wells, M.M. and Mochizuki, A. (2013): Obligatory duetting behaviour in the *Chrysoperla carnea*-group of cryptic species (Neuroptera: Chrysopidae): its role in shaping evolutionary history. Biol Rev 88, 787-808.

41 Price, B.W., Henry, C.S., Hall, A.C., Mochizuki, A., Duelli, P., Brooks, S.J. (2015): Singing from the Grave: DNA from a 180 Year Old Type Specimen Confirms the Identity of *Chrysoperla carnea* (Stephens). PLoS ONE 10, e0121127.

Grüne Florfliege

GEMEINER OHRWURM

(Forficula auricularia)

Wenn Brutpflege zur Familiensache wird

Mit so einem Namen ist es schwer, Sympathieträger zu werden – wer will schon einen „Ohrwurm“ oder „Ohrenkreuler“ in seiner Nähe haben? Dabei ist der Name eine reine Verleumdung! Ins Ohr kriechen diese Tiere natürlich nicht.
Mir gefällt, wie ihn die österreichische Zoologin Anneliese Strenger nannte: Forfikel[42] – eine Verdeutschung des lateinischen Namens *Forficula auricularia*.

Der Forfikel ist nachtaktiv. Tagsüber verstecken sich die Tierchen gern in Gruppen an geschützten Orten – unter Blumentöpfen, in Ritzen von Holzstapeln oder auch unter der Befestigung meiner Hängematte im Garten. Nachts sind sie unterwegs und suchen Nahrung. Dabei nehmen sie alles, was sie kriegen können: Pflanzenteile, bevorzugt Staubgefäße und Blüten, aber auch Aas und kleine, wehrlose Tiere wie Blattläuse und Raupen. Jäger sind sie keine. Ihre eindrucksvollen Zangen am Hinterleibsende setzen sie vorwiegend zur Verteidigung ein, und auch bei der Paarung spielen sie eine Rolle.

Wirklich bemerkenswert ist jedoch ihr Familienleben. Forfikel-Weibchen gehören zu den fürsorglichsten Müttern im Insektenreich. Sie legen ihre Eier in kleinen Erdhöhlen ab und bewachen sie bis

42 Strenger, A. (1950): Ein Beitrag zur Biologie von *Forficula auricularia*. Österreichische Zoologische Zeitschrift 2, 624–638.

Gemeiner Ohrwurm

zum Schlupf. Dabei verteidigen sie sie nicht nur vor Fressfeinden, sondern putzen sie auch gründlich: Das Ablecken entfernt Pilzsporen und Bakterien und überträgt gleichzeitig ein schützendes Mikrobiom. Ihr Brutfürsorgetrieb ist so stark, dass sie in Experimenten sogar Glaskügelchen pflegen, als wären es ihre Eier. Auch nach dem Schlüpfen bleibt die Mutter bis zu 40 Tage bei den Jungen. Später übernehmen die Geschwister gegenseitig Verantwortung füreinander. In einer wissenschaftlichen Arbeit heißt es nüchtern[43]: „*Die Nymphen zeigen häufige und enge Interaktionen: Mund zu Mund Kontakt, Mund zu Anus Kontakt, Grooming [Körperpflege] sowie Kannibalismus*". Aha. Geschwisterliebe auf ohrwurmisch. Tatsächlich füttern die Jungtiere einander, säubern sich gegenseitig von Parasiten, und bei Futtermangel sichert das Fressen von Kotkügelchen der Geschwister ihr Überleben – womöglich wirkt es sich auch positiv auf die Immunabwehr aus. Und der Kannibalismus? Naja, ist ein Geschwisterchen sehr schwach, kann das eben auch vorkommen.

Die extremste Form der Brutfürsorge findet sich bei einer japanischen Ohrwurmart: Matriphagie – die Weibchen lassen sich von ihrem Nachwuchs auffressen[44]. Selbst wenn man die Weibchen trennt und weiterfüttert, können sie keinen neuen Nachwuchs

[43] Meunier, J. (2023): The Biology and Social Life of Earwings (Dermaptera). Annual Review of Entomology 69, 259-276.

[44] Suzuki, S., Kitamura, M. & Matsubayashi, K. (2005): Matriphagy in the hump earwig, *Anechura harmandi* (Dermaptera: Forficulidae), increases the survival rates of the offspring. J Ethol 23, 211–213.

mehr zeugen. Auch die Überlebenschancen der Jungtiere sinken ohne diesen letzten „mütterlichen Beitrag“.

Weltweit sind rund 2000 Ohrwurmarten bekannt, in Wien sind es fünf. Neben dem Gemeinen Ohrwurm leben hier auch der Wald- und der Gebüschohrwurm. Seit einigen Jahren kommt aufgrund der klimatischen Erwärmung auch der Türkische oder Bulgarische Ohrwurm im Osten Österreichs vor. Er hat einen orangen Kopf und Vorderkörper und zwei markante helle Punkte auf den verhärteten Vorderflügeln.

Eines aber verbindet sie alle: ihre erstaunlich ausgeprägte Unterstützung anderer Familienmitglieder. Irgendwie doch sympathisch, oder?

TOTENKOPF-SCHWÄRMER

(Acherontia atropos)

Ein ungebetener Gast im Bienenstock

Allzu häufig wird er in Wien nicht gesichtet, und doch ist er den meisten bekannt. Die totenkopfartige Zeichnung auf seinem Rumpf beflügelt seit jeher die Fantasie der Menschen. Schon lange bevor der Serienmörder Buffalo Bill in „Schweigen der Lämmer“ die Puppen von Totenkopfschwärmern *(Acherontia atropos)* im Mund seiner Opfer hinterließ, galt er als Sinnbild des Unheimlichen. Doch nicht nur die Zeichnung, auch die Biologie dieser Art ist außergewöhnlich und faszinierend.

Der Totenkopfschwärmer ist nachtaktiv, erst in der Dämmerung beginnt er mit der Nahrungsaufnahme. Diese erfolgt jedoch nicht wie bei vielen anderen Insekten an Blüten – als zuckerhaltige Nahrung bevorzugt er stattdessen Honig. Er dringt dafür in Honigbienenstöcke ein, wo er etwa 15 Minuten lang Honig aus den Waben aussaugt. Doch warum attackieren die Bienen den Eindringling nicht sofort? Am Äußeren sind Honigbienen nicht so interessiert (es ist ja auch recht dunkel im Stock), für sie spielt der Geruch eine große Rolle, und das nutzt der Schwärmer aus. Er besitzt nämlich das gleiche Geruchsprofil wie Bienen und wird daher nicht als Eindringling erkannt.

So klingt der Totenkopfschwärmer

Fühlen sich Totenkopfschwärmer bedroht oder unwohl (wenn sie etwa ein Mensch angreift), stoßen sie einen lauten, eindringlichen Pfeifton aus, der an das Quieken einer Maus erinnert. Er saugt dabei Luft ein, die eine spezielle Struktur im Mundraum in Schwingung versetzt. Der Laut entsteht dabei durch die gleichen Strukturen, die für das Saugen des zähflüssigen Honigs verantwortlich[45] sind. Er ist also wahrscheinlich ein Nebeneffekt, der sich als nützlich für das Überleben erwiesen hat. Denn im Schreck lässt man das Tierchen schnell wieder los.

Die Raupen des Schwärmers ernähren sich von Nachtschattengewächsen, in Mitteleuropa hauptsächlich von Kartoffelpflanzen. Massenvorkommen und

[45] Brem, G. et al. (2015): The unique sound production of the Death's-head hawkmoth *(Acherontia atropos* (Linnaeus. 1758)) revisited. Sci Nat 102, 43.

Totenkopfschwärmer

große Schäden gab es in der Geschichte jedoch nur selten. Um die Jahreszeiten möglichst gut zu nutzen, migrieren manche Populationen: Im Süden Europas kommen sie ganzjährig vor, während sie nördlich der Alpen im Frühjahr einwandern.

Im Zuge einer wissenschaftlichen Studie[46] brachten Forscher:innen an einzelnen Tieren Sender an, die den Flug dokumentierten. Dabei stellten sie fest, dass sich die Schwärmer keineswegs nur von günstigen Winden mittragen lassen. Auch bei Seitenwinden hielten sie über weite Strecken den Kurs, was auf ein ausgeklügeltes inneres Navigationssystem hinweist. Einzelne der besenderten Tiere überquerten die Alpen in einer einzigen Nacht – insgesamt fliegen sie bis zu 4000 Kilometer innerhalb von etwa 14 Tagen!

Forscher und ihre Forschungsobjekte

Beim Befestigen der Sender beschwerten sich die Totenkopfschwärmer übrigens lautstark, berichtete ein Wissenschaftler. Sie haben ja keine Ahnung, wie faszinierend die Einblicke in die Lebensweise ihrer Art für uns sind. Aber vermutlich wäre ihnen das auch völlig egal.

[46] Menz, M.H.M. et al. (2022): Individual tracking reveals long-distance flight-path control in a nocturnally migrating moth. Science 377, 764-768.

GEMEINER TOTENGRÄBER

(Nicrophorus vespillo)

Sein Leben beginnt, wo ein anderes endet

Wenn der Herbst kommt, beginnen sich viele Arten zurückzuziehen. Nicht so der Gemeine Totengräber *(Nicrophorus vespillo)*. Seine Nahrungsquelle versiegt nicht so schnell. Kleine Kadaver, etwa jene von Mäusen oder Vögeln, sichern ihm und seinem Nachwuchs das Überleben.

Falls diese Vorstellung bei Ihnen unschöne Gefühle auslöst, stellen Sie sich bitte einen Moment lang vor, wie die Welt ohne Lebewesen wie ihn aussähe: überzogen von verwesenden Kadavern. Eben. Wir brauchen auch die Aasfresser, die Entsorger. Durch sie kehren die Nährstoffe erheblich schneller wieder in den Kreislauf des Lebens zurück.

Wie genau macht das nun der Totengräber? Sobald irgendwo ein kleines Tier verendet, dauert es nicht lange, bis die Käfer aus der Umgebung eintreffen. In Wien können Sie sogar verschiedene Totengräber-Arten antreffen – neben dem Gemeinen und dem Schwarzhörnigen Totengräber, die sich in ihrer rot-schwarzen Färbung ähneln, etwa auch den Schwarzen Totengräber. Alle sind eher selten. In nächtlichen Flügen suchen sie nach möglichst frischen Kadavern, die sie über Sinnesorgane auf den Antennen lokalisieren. Wer den Kadaver für sich beanspruchen darf, wird in Kämpfen entschieden – eine stattliche Körpergröße ist dabei durchaus von Vorteil. Übrig bleibt meist ein

Käferpärchen, das fortan eng zusammenarbeitet[47]. Denn bei viel Konkurrenz um eine unvorhersehbare Ressource ist Zusammenhalt gefragt.

Der Lebenszyklus von Totengräber-Arten

Gemeinsam bereiten die Eltern den Kadaver vor: Er wird unterhöhlt und dadurch im Boden versenkt, zugescharrt, von Haaren oder Federn gereinigt und mit Drüsensekreten bedeckt. Diese verhindern, dass sich Pilze oder Fäulnisbakterien ausbreiten, die den Larven schaden könnten.

Das Weibchen legt seine Eier neben dem Kadaver an der Erdwand ab. Schlüpfen die Larven, so werden sie zunächst noch vom Muttertier gefüttert. Dabei erhalten sie auch ihr an diese spezielle Nahrungsquelle hochangepasstes Darm-Mikrobiom[48].

Ab dem zweiten Larvenstadium fressen sie selbstständig. Gegen Ende der Larvenzeit suchen sie eine Stelle im Umkreis des Kadavers auf, wo sie sich in Ruhe verpuppen können. Ist es bereits spät im Jahr, so überdauern sie die Fröste in diesem Stadium und schlüpfen im folgenden Frühjahr. Ist der Zyklus schon früher abgeschlossen, so sind es die adulten Käfer, die – je nach Temperaturen – von etwa November bis Ende Februar überwintern.

[47] Potticary, A.L. (2024): Revisiting the ecology and evolution of burying beetle behavior (Staphylinidae: Silphinae). Ecology and Evolution 14, e70175.

[48] Wang, Y., Rozen, D.E. (2018): Gut microbiota in the burying beetle, *Nicrophorus vespilloides*, provide colonization resistance against larval bacterial pathogens. Ecology and Evolution 8, 1646-1654.

Gemeiner Totengräber

Die Lebensweise des Totengräbers mag uns fremd erscheinen. Doch er ist, wenn man so will, die MA 48 der Natur, und wir können froh sein, dass er und andere Aasfresser ihren Dienst so gründlich verrichten.

WÖLKCHEN-STEINFLIEGE

(Isogenus nubecula)

Gedanken an eine in Wien ausgestorbene Art

An Allerheiligen gedenken wir der Toten. Für ein paar Zeilen möchte ich den Blick auch auf das Verschwinden von Insekten lenken und an eine Art erinnern, die in Wien schon vor längerer Zeit ausgestorben ist: der Wölkchen-Steinfliege *(Isogenus nubecula)*. Das Wölkchen, das sich auch im lateinischen *nubecula* findet, bezieht sich dabei auf den zarten Fleck auf jedem ihrer Vorderflügel.

Die Wölkchen-Steinfliege ist ein imposantes Insekt mit großen Flügeln und zwei langen Schwanzfäden am Hinterleibsende. Und sie ist uralt: Steinfliegen flatterten schon lange vor den Dinosauriern und Vögeln durch die Lüfte. Ihre Larven leben im Wasser, meist in klaren, kühlen Flüssen. Jene der Wölkchen-Steinfliege sind räuberisch und ernähren sich unter anderem von wasserlebenden Eintagsfliegen- und Mückenlarven.

Im 19. Jahrhundert war *Isogenus nubecula* in Wien durchaus häufig. In der Sammlung des Naturhistorischen Museums Wien finden sich zahlreiche Belege für ihr Vorkommen, sogar bis in die Innenstadt an die Museumsmauer hat sie es einst geschafft. Doch das ist lange her.

Die Donau, ihr einstiges Zuhause, hat sich in den vergangenen hundert Jahren drastisch verändert: Menschen verbauten Ufer, errichteten Staustufen und verringerten die Fließgeschwindigkeit des Flusses.

Schiffe wurden größer, schneller und mehr. Die Bedingungen, die die Steinfliegenlarven für ihr Überleben brauchen – sauerstoffreiches Wasser, kiesige Ufer, natürliche Strömung – gingen Stück für Stück verloren. Wenn die adulten Tiere an den Ufern schlüpfen, müssen sie warten, bis sich ihre Flügel auffalten und sie fliegen können. Wenn in dieser Zeit eine große Schiffswelle über sie drüber schwappt, versinken sie im Wasser und es ist um sie geschehen.

Das Insekt wirft deshalb große Fragen auf: Sind die Ansprüche der Wölkchen-Steinfliege einfach zu hoch für die Welt von heute? Können wir uns das kristallklare Wasser, die unverbauten Ufer, das wenig genutzte Fließgewässer nicht mehr leisten?

Wölkchen-Steinfliege

In Österreich ist die Art seit 1958 verschwunden[49], in Deutschland seit 1973. Aber noch ist die Hoffnung nicht verloren – an einigen intakten Flussufern, etwa der Loire und Allier in Frankreich, ist die Wölkchen-Steinfliege stellenweise auch heute noch in größerer Anzahl anzutreffen. In England wurde sie 2017 überraschenderweise in Wales wiederentdeckt, nachdem sie für Jahrzehnte verschollen war.

Nachzuchtprogramm im Chester Zoo und hübsche Bilder (ab Seite 9)

Einige der dort gefundenen Tiere werden nun im Chester Zoo gezüchtet, in der Hoffnung, sie eines Tages wieder aussetzen zu können. Im Zuge dieser Zucht konnte zum ersten Mal das Trommeln dieser Art aufgezeichnet werden – viele Steinfliegen kommunizieren vor der Paarung miteinander, indem sie mit dem Hinterleib auf die Unterlage trommeln.

Wird *Isogenus nubecula* je wieder nach Wien zurückkehren? Vermutlich nicht. Können wir andere Flussufer renaturieren, damit sie wieder einen Lebensraum hat? Ja, das können wir. Das Wertvollste, das wir aus der Auseinandersetzung mit dem Tod mitnehmen können, ist eine größere Wertschätzung des Lebens, des Lebendigen. Lassen Sie uns also gemeinsam hinhören, was all die kleinen Wesen um uns herum zum Leben und Weiterbestehen brauchen und sie tatkräftig dabei unterstützen, wo immer sich uns eine Möglichkeit bietet.

[49] Graf, W., Leitner, P., Schmidt-Kloiber, A. (2024): Wirbellose Fließgewässer-Organismen im Wandel - unter besonderer Berücksichtigung der Insektenfauna. Acta ZooBot Austria 160, 37-53.

GROSSER FROSTSPANNER

(Erannis defoliaria)

Allein auf weiter Flur

Manchmal drängen sich mir Arten so richtig auf. Wie kürzlich, als ich eines Nachts beim Verlassen meines Arbeitsplatzes im Naturhistorischen Museum ein Insekt erspähte: Ein Großer Frostspanner *(Erannis defoliaria)* saß einfach so an der Wand des Ausgangs rum. Bei frostigen vier Grad Celsius und feinstem, feuchtem Wiener Novembernebel.

Frostspanner sind Insekten, die ein wenig gegen den Strom leben. Sie sind, was Jahreszeiten angeht, antizyklisch unterwegs und meiden damit Räuber wie Fledermäuse, die sich im Winter weitgehend zurückziehen. Die Kälte macht ihnen nicht nur nichts aus, sie ist ihr Startsignal: Erst mit sinkenden Temperaturen schlüpfen die Falter aus ihren Puppen. Deshalb kommen Frostspanner auch nur in den kühleren gemäßigten Breiten vor. Die Männchen schlüpfen etwas früher und warten dann geduldig darauf, von den Pheromonen der Weibchen angelockt zu werden. Das Tier, das ich entdeckt habe, war wohl ein solches Männchen. Die Weibchen hingegen krabbeln, nachdem sie in Bodennähe aus den Puppen schlüpfen, langsam Baumstämme hinauf und verharren dort. Ihre Flügel sind nämlich stark reduziert. Mit ihrem etwa eineinhalb Zentimeter großen gefleckten Körper und den winzig kleinen Flügelstummeln erinnern sie mehr an Käfer als an Schmetterlinge. Ein ungleiches Pärchen.

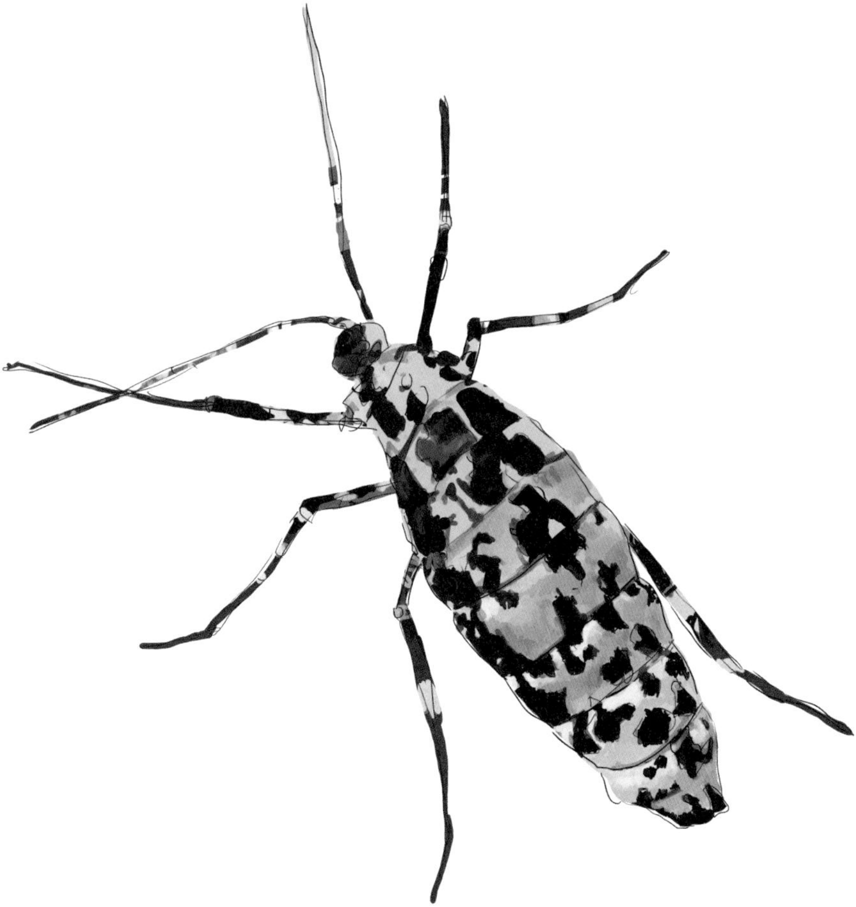

Großer Frostspanner (Weibchen)

Nach der Paarung legt das Weibchen die Eier in der Nähe der Knospen ab. Für den Frostspanner ist es entscheidend, dass die Raupen genau dann schlüpfen, wenn sich die zartwandigen, frischen Blüten und Blätter entfalten – denn nur diese dienen ihnen als Nahrung. Bei einer verwandten Art, dem Kleinen Frostspanner, haben Forschende beobachtet, dass sich ihr Schlupfzeitpunkt nach einer durch den Klimawandel verursachten Verschiebung wieder an die neuen Bedingungen angleichen konnte[50]. Evolution live in Aktion, quasi.

Eine Raupe bei der „Arbeit“

Bei Massenauftreten können die Raupen ganze Bäume entblättern. Dabei lässt ihnen die Natur jedoch keinen freien Lauf: Mindestens 41 verschiedene parasitoide Wespen[51], also beispielsweise Schlupfwespen und Brackwespen, und elf verschiedene Raupenfliegenarten wirken als natürliche Gegenspieler des Großen Frostspanners.

Die Raupen besitzen außerdem eine ungewöhnliche Fähigkeit für Schmetterlingslarven: Bei Gefahr lassen sie sich blitzschnell an einem selbst gesponnenen Seidenfaden fallen. Diese Fäden dienen auch der Ausbreitung – denn die flügellosen Weibchen können keine großen Distanzen zurücklegen. An windigen Tagen hängen sich die frisch geschlüpften Raupen an

50 van Asch, M., Salis, L., Holleman, L. et al. (2013): Evolutionary response of the egg hatching date of a herbivorous insect under climate change. Nature Clim Change 3, 244–248.

51 Glavendekić, M. (2010): Parasitoids and Hyperparasitoids of *Erannis Defoliaria* Cl. (Lepidoptera, Geometridae) in Oak Forests. Izvorni i zvanstveni Članci - original scientific papers. Šumarski list br. 7–8, CXXXIV, 403-410.

Großer Frostspanner (Männchen)

ihre Fäden und lassen sich davontragen, ähnlich wie kleine Spinnen im Altweibersommer.

Schon im Mai oder Juni verpuppen sich die Raupen und verbringen dann den gesamten Sommer in ihrem Ruhestadium, bis sie nach den ersten kalten Tagen wieder als Falter erscheinen.

Mal sehen, ob der kleine Herr im Museum in der Nacht noch eine Pheromonspur aufgenommen hat oder ob er vielleicht immer noch geduldig an der Wand sitzt und wartet.

WINTERHAFT

(Boreus westwoodi)

Winterhart und voller Rätsel

Zu den Insekten, die den Winter zu ihrer Saison gemacht haben und nur dann in ihrer ausgewachsenen, geschlechtsreifen Form bei uns zu beobachten sind, gehört auch der Winterhaft. Seine Wohlfühltemperatur liegt bei kühlen fünf bis zehn Grad Celsius.

Winterhafte werden auch Schneeflöhe genannt – und das aus gutem Grund: Droht Gefahr, schnellen sie mit ihren kräftigen Hinterbeinen bis zu 30 Zentimeter weit weg und stellen sich danach tot, um Feinde zu täuschen. Darüber hinaus haben sie eine äußerst interessante Paarungsbiologie: Während die Weibchen komplett flügellos sind, besitzen Männchen sichelförmige Haken. Diese Flügelstummel dienen dem Männchen bei der Paarung dazu, das Weibchen an den Vorderbeinen festzuhalten. Das Weibchen sitzt dann kurioserweise auf dem Rücken des Männchens (anders als bei den meisten Arten, aber das muss ich Ihnen wahrscheinlich nicht erklären).

Sofort erkennbar ist der Winterhaft auch an seinem schnabelartig verlängerten Kopf. So versteht man auch, dass der Winterhaft zur Familie der Schnabelfliegen gehört, und nicht zu den Flöhen, wie man aufgrund seines Spitznamens meinen könnte. Schnabelfliegen haben aber wiederum nichts mit den gemeinhin als Fliegen bekannten Tierchen zu tun, sondern tragen das „Fliegen“ nur ebenso im Namen.

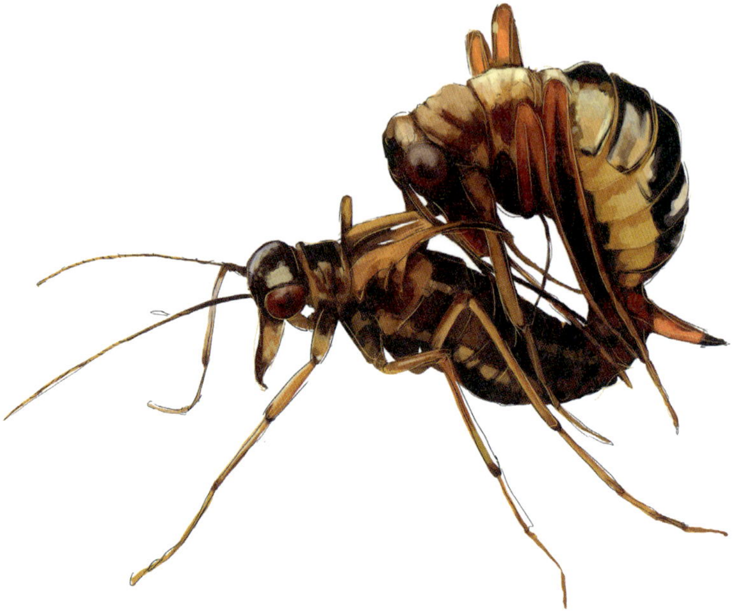

Winterhaft

Winterhafte sind jedenfalls alles andere als langweilig! Auch der Forschung geben sie noch Rätsel auf: In Österreich sind bislang zwei Arten bekannt *(Boreus westwoodi* und *Boreus hyemalis).* Eine 2021 veröffentlichte Studie[52], an der auch das Naturhistorische Museum Wien beteiligt war, weist jedoch darauf hin, dass sich mindestens eine weitere Art unter ihnen ver-

52 Zangl, L., Glatzhofer, E., Schmid, R., Randolf, S., Koblmuller, S. (2021): DNA barcoding of Austrian snow scorpionflies (Mecoptera, Boreidae) reveals potential cryptic diversity in *Boreus westwoodi*. PeerJ 9, e11424.

steckt. Diese kryptische Diversität – darunter versteht man äußerlich kaum unterscheidbare, genetisch aber getrennte Arten – ist ein Phänomen, das auch in gut erforschten Regionen wie Mitteleuropa noch neue Art-Entdeckungen hervorbringt.

Mit etwas Glück kann man diese nur drei Millimeter kleinen Insekten abseits planierter Skipisten auf Schneefeldern entdecken. Sieht man vermeintlichen „Dreck", der sich bewegt oder springt, lohnt sich ein genauer Blick! Winterhafte kommen selten vor, können aber an bestimmten Orten zahlreich sein. Wenn Sie welche entdecken, könnten Sie ein Foto machen und die Beobachtung auf Plattformen wie iNaturalist oder naturbeobachtung.at teilen. Am häufigsten werden sie in den Alpen gesichtet, aber auch aus dem Lainzer Tiergarten gab es schon Meldungen.

Jede davon hilft Forschenden, die Entwicklung der Populationen in Österreich besser zu verstehen. Gerade bei diesen an Kälte angepassten Arten ist kaum bekannt, wie stark sie von den Klimawandel bedingten Wetterextremen betroffen sind oder sein werden. Denn sie haben nicht nur eine Vorliebe für kühle Temperaturen, sondern auch eine Intoleranz gegenüber zu warmen. Schon bei 15 Grad Celsius sterben sie den Hitzetod.

WINTERMÜCKE

(Trichocera hiemalis)

Die, die in der Wintersonne tanzt

Die Wintermücke *(Trichocera hiemalis)* ist eine Art, der ich mich als Wienerin durchaus seelisch verbunden fühle. Schenkt uns der Winter einmal einen dieser seltenen frostigen, aber sonnigen und windstillen Tage, so ist mir zum Tanzen zumute. Und die Wintermükke? Die tut genau das. August Heinrich Hoffmann von Fallersleben hat ihr in seinem „Tanzlied der Mücken" sogar ein literarisches Denkmal gesetzt.

> Lasst uns schweben im Tanze
> Am Bach und im Feld!
> Uns gehöret die ganze,
> Die unendliche Welt.
> *(Auszug aus dem Gedicht)*

Für Fotos und Foto-Tipps hier entlang

Doch wer sind sie, diese zarten Wesen, die Poeten zu Versen bewegen und Makrofotograf:innen auf die Pirsch treiben?

Die Wintermücke gehört zwar zu den Mücken, doch keine Sorge: Auch wenn sie ihnen ähnlich sieht, ist sie keine stechende Gelse. Ganz abgesehen davon wäre das im Winter ohnehin ein eher hoffnungsloses Unterfangen – viel zu viele Schichten drängen sich zwischen Haut und Außenwelt, die uns vor dem Erfrieren bewahren.

Wintermücken hingegen sind wahre Meister der Kälteresistenz und durch und durch Wintertiere. In

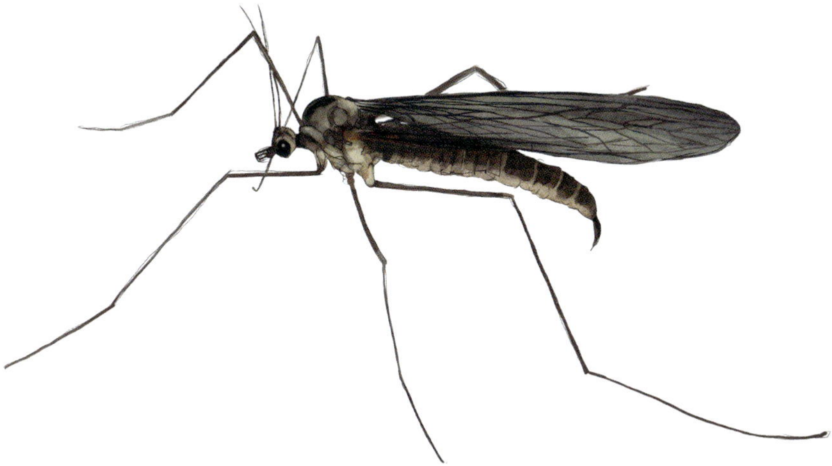

Wintermücke

ihrer Körperflüssigkeit befinden sich glycerinartige Stoffe, die als natürliches Frostschutzmittel wirken. Temperaturen um den Gefrierpunkt? Für sie kein Problem, auch ganz ohne dicke Winterjacke. Von Spätherbst bis ins Frühjahr sind sie unterwegs, und das sogar in höheren Lagen.

An sonnigen, windstillen Tagen passiert dann der Zauber. Die Männchen versammeln sich am späteren Nachmittag und tanzen in großen Schwärmen im Sonnenlicht. Sie steigen auf und lassen sich fallen, immer wieder im Akkord. Ein beeindruckendes Schauspiel. Dabei erzeugen sie einen charakteristischen Summton, der die Weibchen anlockt. Auch die Verpaarungen finden im Schwarm statt. Ein kleiner Insektenball mit Partnerbörse sozusagen, pünktlich zur Wiener Ballsaison.

Ihre Larvenzeit verbringt die Art im feuchten organischen Substrat, etwa unter Laubstreu. Dort ernähren sich die Larven von verrottendem Pflanzenmaterial und helfen damit, es schneller zu zersetzen. Die darin gebundenen Nährstoffe stehen so rascher wieder anderen Organismen zur Verfügung. Den Sommer überdauert die Wintermücke in einem Sommerschlaf. Und sobald es wieder kühl genug ist, schlüpfen die adulten Tiere. Dann heißt es nur noch warten – auf die seltenen, sonnigen Wintertage.

KATZENFLOH

(Ctenocephalides felis)

Ein Hochleistungsspringer im Haustierfell

Goethes Floh-Gedicht

Man könnte sagen, die goldene Zeit der Flöhe ist längst vergangen – jene Ära, in der sie im Flohzirkus auftreten „durften", Goethe ihnen ein Gedicht widmete und sogar ein Walzer nach ihnen benannt wurde. Auch die dunklen Zeiten, in denen sie im Mittelalter als Überträger der Pest die Menschheit ins Verderben stürzten. Doch halt – von welchem Floh sprechen wir hier eigentlich?

Weltweit sind mehr als 2.500 Floharten bekannt. Vor rund 100 Millionen Jahren dürften sie sich von einem gemeinsamen Vorfahren der heutigen Flöhe und der Winterhaften (Seite 153) abgespalten haben.

In Mitteleuropa leben etwa 80 Arten: von Kaninchen- und Igelfloh über Hunde- und Katzenfloh bis hin zum Menschenfloh. Die meisten Arten spalteten sich bereits kurz nach dem Massenaussterben vor 66 Millionen Jahren voneinander ab – also deutlich früher, als sich die Linie des Menschen von jener der Kapuzineraffen trennte.

Die Namen, die wir ihnen gegeben haben, sind etwas irreführend: Der Menschenfloh ist eine der häufigsten Floharten bei Rotfüchsen und kommt ebenso bei Hausschweinen, Hunden und einigen anderen Säugetieren vor. Früher ernährte er sich häufig von Menschenblut, mittlerweile ist er zu unserem Glück selten geworden. Ganz im Gegensatz zum Katzenfloh (*Ctenocephalides felis*). Er ist die häufigste Flohart

Katzenfloh

Wiens – und das nicht nur an Katzen. Auch auf Hunden in der Stadt fühlt er sich sehr wohl und ist dort häufiger anzutreffen als der so genannte Hundefloh.

Flöhe durchlaufen eine vollständige Entwicklung. Ihre Larven können noch nicht stechen und ernähren sich im Umfeld der Wirte von organischen „Abfällen", also Hautschuppen und Haaren sowie den Ausscheidungen adulter Flöhe. Nach einigen Wochen bis Monaten verpuppen sie sich und schlüpfen erst, wenn ein potenzieller Wirt in der Nähe ist – Wärme, Kohlendioxid oder Vibrationen sind Signale, auf die sie reagieren. Dann nutzen sie ihre gewaltige Sprungkraft, um den Wirt zu erreichen: Katzenflöhe erreichen dabei eine Geschwindigkeit von mehr als fünf Metern pro Sekunde[53] und können an die 25 Zentimeter hoch springen. Möglich wird das durch das elastische Protein Resilin, das wie eine Art biologische Sprungfeder Energie speichert. Wie genau die Energie in den Sprung übertragen wird, konnten Forschende erst 2012 vollständig entschlüsseln[54].

Ihr mehrwöchiges Leben als Adulte verbringen Katzenflöhe zur Gänze im Fell ihres Wirts. Damit unterscheiden sie sich von Menschenflöhen, die lichtscheu sind und sich tagsüber in der Umgebung des Wirts verstecken. Rund einen Tag nach einer kräftigenden Blutmahlzeit legen die Katzenfloh-Weibchen

53 Bossard, R. L. (2002): Speed and Reynolds Number of Jumping Cat Fleas (Siphonaptera: Pulicidae). Journal of the Kansas Entomological Society, 75(1), 52–54.

54 Sutton, G.P., Burrows, M. (2011): Biomechanics of jumping in the flea. J Exp Biol 214, 836–847.

ihre winzigen Eier ab. Diese rieseln anschließend vom Fell in die Umgebung ab, weshalb bei einem Befall immer auch Decken, Teppiche und Liegeplätze mitbehandelt werden müssen. Bei starkem Befall springen die Tiere auch auf andere Wirte, mitunter auch auf Menschen, über. Typisch sind dann mehrere Stiche in einer Linie – Flöhe „tasten" sich vor, bis sie ein gut durchblutetes Gefäß treffen.

Nun hoffe ich, dass Sie nicht schon begonnen haben, sich am ganzen Körper zu kratzen. Und so charmant mittelalterliche Adventmärkte auch sein mögen – ich persönlich bin ganz dankbar, das Mittelalter nur als Kulisse erleben zu müssen.

ROTE WALDAMEISE

(Formica rufa)

Wie ein Superorganismus durch den Winter kommt

Rote Waldameisen *(Formica rufa)* sind ein echtes Faszinosum: hochsoziale Organismen, die im Verbund als Superorganismus funktionieren. In einem kleinen Nest leben wenige hunderttausend Ameisen, in einem großen können es zwei Millionen sein. Ein einziger Ameisenhügel kann also ebenso viele „Einwohner" haben wie ganz Wien. Im Inneren ist er in ein dichtes Geflecht von Gängen und Kammern gegliedert.

Ein Leben im Dunkeln, das jedoch perfekt organisiert ist: Während die Königin, die beachtliche 30

Rote Waldameise

Jahre alt[55] werden kann, alleine für die Fortpflanzung zuständig ist, kümmern sich die Arbeiterinnen um alles weitere – von Nahrungsbeschaffung und Wohnbau über Reinigung und Müllentsorgung bis hin zur Aufzucht der Larven.

Fünf Minuten Podcast zum Leben von Ameisenlarven

Doch worüber ich heute eigentlich schreiben möchte, ist die Frage, was in den Ameisenhügeln eigentlich im Winter geschieht. Denn während bei Wespen und Hummeln nur die Königinnen überwintern, überdauern Ameisen den Winter als ganzes Volk.

Ihre imposanten Hügel bleiben das ganze Jahr über stehen – manchmal über viele Jahrzehnte. Während draußen Schnee und Frost die Landschaft still werden lassen, läuft im Inneren des Ameisennestes ein sorgfältig abgestimmter Prozess ab.

Schon Wochen vor Winterbeginn verändert sich das Leben im Nest. Etwa eineinhalb Monate dauern die Vorbereitungen für die Winterruhe. Die Königin stellt die Eiablage ein, denn nur adulte Tiere überwintern. Die letzten Larven werden noch versorgt, während die Arbeiterinnen ihre Fettreserven auffüllen – im Winter wird auch nicht gefressen.

Solange die Temperaturen es erlauben, sammeln sich die Ameisen vormittags an der Oberfläche, um

[55] Pamilo, P. (1991): Life span of queens in the ant *Formica exsecta*. Ins. Soc 38, 111–119.

sich aufzuwärmen. Wenn sie dann ins Innere zurück krabbeln, wärmen sie das Nest ein wenig mit[56].

Sobald es richtig kalt wird, ziehen sie sich in tiefer gelegene, frostfreie Kammern zurück. Dort sitzen sie dicht gedrängt. Man könnte meinen, dass sie sich dort gegenseitig wärmen. Diese Annahme wurde sogar von Forschenden getestet, ergab aber, dass das „Kuscheln" keinen Wärmegewinn bietet. Sie suchen wohl einfach alle jene Bereiche auf, in denen die besten Bedingungen herrschen – also eher so eine Art Gedränge wie im Sommer am Strand von Lignano.

Mit den ersten milderen Tagen im Frühjahr wird der Superorganismus langsam wieder aktiv. Ist dieser Prozess einmal gestartet, zeigen zumindest individuenreiche Völker eine erstaunliche Resilienz gegen wieder sinkende Temperaturen. Ihre Hügel können dann um bis zu 30 Grad wärmer sein als die Außentemperatur[57]. Diese Wärme entsteht durch pure Muskelarbeit: Die Ameisen verbrennen ihre Fettreserven und erzeugen so Körperwärme, die sich im Nest anreichert.

Ihrem Erfolg nach zu schließen, scheint dieses System bei ihnen deutlich besser zu funktionieren als bei mir nach Weihnachten.

[56] Chanas, P., Frouz, J. (2025): Sunning clusters of ants contribute significantly, but weakly to spring heating in the nests of the red wood ants, *Formica polyctena*. European Journal of Environmental Sciences. Vol. 15 No.1.

[57] Rosengren, R., Fortelius, W., Lindström, K., & Luther, A. (1987): Phenology and causation of nest heating and thermoregulation in red wood ants of the *Formica rufa* group studied in coniferous forest habitats in southern Finland. Annales Zoologici Fennici, 24(2), 147–155.

LINDENWANZE

(Oxycarenus lavaterae)

Hart im Nehmen und auf Expansionskurs

Insekten haben die unterschiedlichsten Strategien, um durch den Winter zu kommen: Die Winterlibelle (Seite 19) hat ein potentes Frostschutzmittel im Blut, Hornissenköniginnen (Seite 108) verkriechen sich in der Erde oder an anderen geschützten Orten, an denen die Temperaturen nicht ganz so tief sinken. Die Strategie der Lindenwanze *(Oxycarenus lavaterae)* – sofern man hier überhaupt von Strategie sprechen kann – ist nochmal eine andere. Sie ist einfach hart im Nehmen.

Rot-schwarz gefärbt erinnern Lindenwanzen entfernt an kleine Feuerwanzen, jedoch ohne deren charakteristisches Muster auf dem Rücken. Als Nahrungsquelle bevorzugen sie Samen von Malven und Linden, aber sie können auch an anderen Pflanzen saugen. Ihre Bindung an Linden ist eine besondere, sie überwintern nämlich in Massenansammlungen auf den Stämmen der Bäume. „Masse" ist dabei keine Übertreibung: An die hunderttausend Tiere können es pro Baum[58] schon mal sein. Für uns Menschen sind diese Ansammlungen völlig harmlos.

Das Besondere daran ist, dass sich die Wanzen überhaupt nicht in Ritzen oder unter der Rinde verstecken. In großen Grüppchen sitzen sie komplett exponiert

[58] Neimorovets, V.V., Shchurov, V.I. & Zamotajlov, A.S. (2020): Report on Findings of *Oxycarenus lavaterae* (Fabricius, 1787) (Heteroptera, Lygaeidae) in Russia. Entmol. Rev. 100, 521–528.

Lindenwanze

in etwa zwei bis vier Metern Höhe am Stamm – über Monate hinweg. Brrrr. Lindenwanzen enthalten zwar ungenießbare Stoffe, die verhindern, dass sie von Vögeln oder anderen Tieren als Wintersnack gegessen werden. Doch einen inneren Frostschutz besitzen sie nicht wirklich. Bei allzu kalten Temperaturen erfrieren sie und fallen vom Baum. Dabei unterscheidet sich ihre Frosttoleranz[59] von Individuum zu Individuum sehr stark: Manche sterben bereits bei minus 6 Grad Celsius, andere erst bei minus 22 Grad.

Wieso suchen Lindenwanzen also nicht wie andere Arten geschütztere Orte für den Winter auf? Ein solches Verhalten haben sie einfach nie entwickelt. Denn die Art stammt ursprünglich aus dem Mittelmeerraum, wo die Winter viel milder sind. Erst seit den 2000er-Jahren breitet sie sich in Österreich[60] und anderen mitteleuropäischen Ländern aus – und das mit erstaunlichem Erfolg. Begünstigt wird das durch milder gewordene Winter, städtische Wärmeinseln und die Tatsache, dass Linden beliebte Stadtbäume sind – auch in Wien. Gleichzeitig sorgt die natürliche Auslese dafür, dass sie sich langsam an tiefere Temperaturen anpassen: Individuen, die Minusgrade schlechter ver-

59 Rozsypal, J., Moos, M., Vodražka, P., Nedvěd, O., Košťal, V. (2024): Physiology of Overwintering in a Microhabitat Fully Exposed to Adverse Weather Conditions: Lime Seed Bugs on Tree Trunks and Branches, Zoological Science, 42(1), 31–40.

60 Rabitsch, W., Adlbauer, K. (2001): Erstnachweis und bekannte Verbreitung von *Oxycarenus lavaterae* (FABRICIUS, 1787) in Österreich (Heteroptera: Lygaeidae). Beiträge zur Entomofaunistik 2: 49–54.

tragen, sterben mit höherer Wahrscheinlichkeit, während die robusteren ihre Kältetoleranz weitervererben.

Und wenn sie nicht erfroren sind, dann machen sich die kleinen widerstandsfähigen Tierchen im Frühjahr wieder auf den Weg: Sobald die Linden blühen und Samen ansetzen, verteilen sie sich auf den Bäumen, fressen, paaren sich – und starten in eine neue Saison. Einige von ihnen werden sich auf die Suche nach neuen Lindenbäumen machen, vielleicht ein Stück weiter im Norden. Ob sie dort ebenfalls überleben? Der nächste Winter wird es zeigen.

SIEBENPUNKT-MARIENKÄFER

(Coccinella septempunctata)

Ein Glückssymbol mit langer Geschichte

Kaum eine Art passt so gut zum Jahresende wie der Siebenpunkt-Marienkäfer (*Coccinella septempunctata*). Immerhin verschenken ihn reichlich Menschen als Glücksbringer zum Start ins neue Jahr.

Doch warum soll uns ausgerechnet ein Marienkäfer Glück bringen? Die Antwort liegt tatsächlich in seiner Biologie. Schon früh erkannten Bäuerinnen und Bauern, dass Marienkäfer wertvolle Helfer sind. Sie fressen große Mengen an Blattläusen und Spinnmilben, also genau jene Tiere, die Kulturpflanzen schädigen. Der Legende nach baten Menschen in Zeiten starker Plagen die Jungfrau Maria um Hilfe und deuteten das vermehrte Auftreten der Käfer als göttliches Zeichen. So entstand der Name Marienkäfer. Und weil die Zahl sieben seit jeher als Glückszahl gilt, wurde unter all den Marienkäfer-Arten (über 70 sind es allein in Österreich) der Siebenpunkt-Marienkäfer zum Glückssymbol auserkoren.

Doch auch Glücksbringer haben es nicht immer leicht. In den 1980er- und 1990er-Jahren verglich man die Gefräßigkeit verschiedener Marienkäferarten und stellte fest, dass der Asiatische Marienkäfer noch mehr Blattläuse vertilgt. Er wurde deshalb gezielt im biologischen Pflanzenschutz eingesetzt – mit weitreichenden Folgen. Denn diese gebietsfremde Art bringt eine

Siebenpunkt-Marienkäfer

mächtige biologische Waffe mit[61]: Mikrosporidien, also parasitische Pilze. Der asiatische Marienkäfer ist durch den körpereigenen Wirkstoff Harmonin immun gegen sie, für andere Marienkäfer sind sie jedoch tödlich. Und wenn sich Marienkäfer-Larven gegenseitig fressen – was sie häufig tun –, geht das immer zum Nachteil heimischer Arten aus.

Ganz chancenlos ist der Siebenpunkt-Marienkäfer dennoch nicht. Er kommt mit Kälteeinbrüchen im Frühjahr besser zurecht als sein asiatischer Konkurrent. Marienkäfer überwintern als erwachsene Tiere in Hohlräumen, Böschungen, Laub- oder Reisighaufen und bilden dabei oft große Ansammlungen. Der Asiatische Marienkäfer ist im Frühjahr zwar früher aktiv, späte Fröste können seine Populationen jedoch stark dezimieren[62].

Wer Marienkäfern helfen möchte, braucht keine perfekt gepflegte Fläche. Im Gegenteil: Ein Laubhaufen an einem geschützten Ort, der den Winter über liegen bleibt; ein paar Blüten, die den adulten Tieren als zusätzliche Nahrung dienen, und etwas Toleranz gegenüber Blattläusen reichen oft schon. Denn ganz ohne Läuse gibt es auch keine Marienkäfer.

61 Verheggen, F.J., Vogel, H., Vilcinskas, A. (2017): Behavioral and Immunological Features Promoting the Invasive Performance of the Harlequin Ladybird Harmonia axyridis. Front. Evol 5, 156.

62 Honek A., Dixon A.F., Soares A.O., Skuhrovec J., Martinkova Z. (2017): Spatial and temporal changes in the abundance and compostion of ladybird (Coleoptera: Coccinellidae) communities. Curr. Opin. Insect Sci. 20, 61–67.

BLAUSCHWARZE HOLZBIENE

(Xylocopa violacea)

Eine überraschende Besucherin am Neujahrstag

Es war der erste Jänner nach einer besonders warmen Silvesternacht. Ich war ganz schön baff, als beim Kaffeetrinken in der Sonne eine Holzbiene an mir vorbeizischte. Lassen Sie uns davon ausgehen, dass es eine Blauschwarze Holzbiene (*Xylocopa violacea*) war. Sie und die Östliche Holzbiene gehören zu den größten heimischen Wildbienenarten.

Sie haben wahrscheinlich schon mal eine Holzbiene gesehen, diese großen, dunklen Brummer, die an einen dicken Käfer erinnern und mit Hochgeschwindigkeit durch die Gegend fliegen. Tiefschwarz, mit bläulichem Schimmer und verdunkelten Flügeln sind Holzbienen unverwechselbar. Die Weibchen der beiden Arten im Flug auseinanderzuhalten, ist jedoch unmöglich. Denn sie unterscheiden sich durch Merkmale, für die man zumindest eine Lupe braucht. Etwa an der Struktur ihrer Hinterschiene: Hat sie zwei Reihen von Zähnchen, handelt es sich um eine Blauschwarze Holzbiene; sind die Zähnchen zahlreich, ähnlich einer Raspel, so ist es die Östliche. Einfacher ist es bei den Männchen. Jenes der Blauschwarzen Holzbiene hat zwei orange gefärbte Fühlerglieder.

An sich sind Holzbienen keine Wintertiere. Unter den Bienen gehören sie jedoch zu den „Frühaufstehern“. Im Unterschied zu den meisten anderen Wildbienenarten, die als Larve oder im Puppenstadium überwintern, schlüpft die Holzbiene schon im Herbst und ist daher sofort startklar, sobald die ersten Sonnenstrahlen durchbrechen und ein warmer Föhn durch die Gassen zieht. So wie eben vor ein paar Jahren zum Neujahrstag.

Im Frühjahr haben die Männchen ein anstrengendes Leben[63]. Während Weibchen nur bei schönem Wetter ab etwa elf Grad Celsius stundenweise ausfliegen, um Nahrung zu suchen, sind Männchen den ganzen Tag lang auf Partnersuche. Lediglich am späten Nachmittag, wenn das letzte Weibchen in sein Versteck zurückgekehrt ist, verbringen sie auch selbst etwa ein bis zwei Stunden mit der Futtersuche.

Vereinzelt beobachteten Forschende übrigens auch Männchen, die keinerlei Partnersuchverhalten an den Tag legten und den ganzen Tag mit Fressen verbrachten. Was sich die Evolution dabei wohl gedacht hat?

Nach mehreren Verpaarungen beginnt das Weibchen mit der Suche nach einem geeigneten Nistplatz. Holzbienen nisten in Totholz, das sie mit ihren kräftigen Beißwerkzeugen aushöhlen. Von einer einzelnen Öffnung aus legen sie mehrere Gänge mit Brutzellen an, jede mit einem Ei und einem Pollenproviant versorgt und durch eine Masse aus Holzspänen und Speichelsekret von der nächsten getrennt.

[63] Vicidomini, S. (1997): Biology of *Xylocopa (Xylocopa) violacea* (Linnaeus, 1758) (Insecta, Hymenoptera, Apidae): male sexual behaviours. II. Atti Mus. civ. Stor. nat. Morbegno, 8, 95–113.

Blauschwarze Holzbiene

Wer Holzbienen bei sich im Garten oder im Grätzel ansiedeln möchte, sollte also eine sonnenbeschienene Totholzecke schaffen. Baumstümpfe und kräftige Äste, bevorzugt aus Laubholz, sind ideal. Eine Vielfalt an Blühpflanzen in der Nähe macht das Angebot perfekt. Das funktioniert übrigens auch in Wien.

In Österreich kommt noch eine dritte Art vor: die Kleine Holzbiene (*Xylocopa iris*) mit 15 Millimetern Körperlänge – also klein im Vergleich zu den anderen beiden Arten. Sie nistet nicht in Totholz, sondern in dicken Stängeln, etwa von Königskerzen, Disteln und Bärenklau, und ist weitaus seltener. In Wien konnte ich sie mit einer Kollegin bei einem Forschungsprojekt[64] auf der Fläche des ehemaligen Verschiebebahnhofs Breitenlee im 22. Bezirk beobachten – neben über 160 anderen Wildbienenarten! Welche der beiden großen Arten dort vorkommt, haben wir übrigens verabsäumt festzustellen. Aber wir kommen bestimmt wieder und zählen ihre Borstenreihen.

64 Schoder, S., & Zimmermann, D. (2024): Die Wildbienenfauna des ehemaligen Verschiebebahnhofs Breitenlee (Wien). Beiträge zur Entomofaunistik, 25, 111–129.

ANHANG

GLOSSAR

Ansitzjäger: Tiere, die ihre Beute nicht aktiv verfolgen, sondern von einem erhöhten oder gut getarnten Platz (Ansitz) aus auf vorbeikommende Beute warten und diese dann überraschend ergreifen.

Aposematismus: auffällige Färbung von Tieren, mit der potentiellen Fressfeinden Ungenießbarkeit und/oder Wehrhaftigkeit signalisiert wird.

Atemröhre: aquatisch lebende Insekten oder Larven nutzen ein Atemrohr oder Siphon wie einen Schnorchel für den Gasaustausch.

Bauchbeine: paarweise angeordnete, fleischige, stummelförmige und ungegliederte Extremitäten bei verschiedenen Insektenlarven. Sie dienen der Fortbewegung.

Bauchbürste: lange, steife Haare an der Unterseite des Hinterleibs von manchen Wildbienenarten, die zum Sammeln von Blütenpollen genutzt werden.

Biologischer Pflanzenschutz: Bekämpfung unerwünschter Lebewesen mithilfe natürlicher Gegenspieler wie Insekten, Pilzen oder Bakterien statt chemischer Mittel; steht im Gegensatz zur chemischen Schädlingsbekämpfung.

Brutbirne: eine vom Käferweibchen umgeformte Dungkugel, in deren Mitte ein Ei gelegt wird. Sie hat eine dichtere, gummiartige Konsistenz und eine längere Haltbarkeit als die ursprüngliche Dungkugel und dient der Larve als Nahrungsquelle.

Brutzelle: kleine Kammern, die von der Biene mit einem Ei und einem Nahrungsvorrat versehen werden und in denen die Larve geschützt heranwächst.

Cantharidin: giftige Substanz, die von bestimmten Käfern (z. B. Ölkäfern) gebildet wird und der Abwehr von Fressfeinden dient.

Cerci: fadenförmige Fortsätze am Hinterleib, die mit zahlreichen Sinneshärchen besetzt sind und in erster Linie der Wahrnehmung von Bodenerschütterungen und Luftbewegungen dienen.

Deckflügel: Vorderflügel von Käfern und Ohrwürmern, die sie als Schutz über die dünnhäutigen Hinterflügel legen.

Engerling: Käferlarven der Überfamilie Scarabaeoidea (Mai- und Junikäfer, Hirschkäfer, Rosenkäfer etc.).

Extensive Weidewirtschaft: eine Form der Viehhaltung, bei der Tiere auf großen Flächen gehalten werden. Die Tiere ernähren sich überwiegend von Gräsern auf den Weideflächen; die Produktivität pro Fläche ist niedrig, aber auch der Eingriff in die Natur gering.

Fauna-Flora-Habitat (FFH) Richtlinie: Naturschutz-Richtlinie der Europäischen Union zum Schutz von Lebensräumen sowie wildlebenden Tieren und Pflanzen.

Flügelstummel: Reste von Flügeln; Insekten mit Flügelstummeln sind flugunfähig.

Futterpille: Kugel aus Dung, die dem adulten Dungkäfer als Nahrung dient.

Genom: Gesamtheit der genetischen Information eines Organismus, gespeichert in seiner DNA.

Glycerin: Zuckeralkohol, der bei manchen Insektenarten den Gefrierpunkt ihrer Körperflüssigkeit senkt und damit die Eiskristallbildung hemmt.

Halsschild: das obere Segment des vordersten Brustabschnitts bei Insekten.

Herbizid: ein biologisch aktiver Stoff, der unerwünschte Pflanzen („Unkräuter") abtötet, um Kulturpflanzen bessere Wachstumsbedingungen zu ermöglichen.

Hinterschiene (Tibia): „Schienbein" der Hinterbeine bei Insekten.

Kopula: Bezeichnung für den Paarungsakt bei Tieren.

Kulturfolger: Tier- oder Pflanzenarten, die in menschlich geprägten Lebensräumen für sie günstige Entwicklungsmöglichkeiten vorfinden und deshalb dort vermehrt vorkommen.

Legeröhre: röhrenförmiges Organ mancher weiblicher Insekten zur Ablage der Eier.

Metamorphose: Umwandlung des Insekts vom Larvenstadium zur geschlechtsreifen Form bei Tieren, deren Jugendstadien in der Gestalt vom Adultzustand abweichen. Bei Insekten mit vollständiger Entwicklung (Holometabolie), wie etwa bei Schmetterlingen, verläuft sie über ein Puppenstadium. In diesem Stadium wird der Körper der Larve in einem hormonell gesteuerten Prozess in die Gestalt des erwachsenen Insekts umgebaut.

Minen: durch Fraß von Insektenlarven in Pflanzenteilen entstandene Hohlräume.

Mulm: Gemisch aus zersetztem organischem Material, Pflanzenresten, Futterresten, Kot und Feinpartikeln.

Museomics: Gewinnung von DNA-Fragmenten aus alten Exemplaren in Museumssammlungen; zusammengesetztes Wort aus „museum“ und „genomics“.

Niströhre: röhrenförmiger Hohlraum (Bambus, Schilf, Pappröhrchen oder Holzbohrungen) als Nisthilfe für Wildbienen.

Nymphenphase: Entwicklungsstufe bei Insekten, die nach dem Schlüpfen aus dem Ei und vor dem Adultstadium (Imago) liegt.

Oothek: schaumartige und später aushärtende Eihülle, in der bestimmte Insekten – etwa Gottesanbeterinnen oder Schaben – Eier ablegen.

Parasitoid: im Gegensatz zu gewöhnlichen Parasiten töten Parasitoide ihren Wirt am Ende ihres Entwicklungszyklus.

Parthenogenetisch: sogenannte Jungfernzeugung, bei der sich Nachkommen aus einer unbefruchteten Eizelle (also ohne männliche Befruchtung) entwickeln.

Pestizide: ein biologisch aktiver Stoff zur Bekämpfung von Insekten, Pilzen oder Pflanzen, um Kulturpflanzen bessere Wachstumsbedingungen zu ermöglichen.

Sandarium: Nisthilfe aus Sand für Sandbienen und andere Hautflügler, die darin ihre Nester anlegen.

Schrillleiste/-kante: Strukturen an den Vorderflügeln von Feldgrillen und anderen Heuschrecken, die der Lauterzeugung dienen. Die Schrillleiste ist ein mit zahlreichen winzigen Zähnchen ausgestatteter Abschnitt einer Flügelader an der Innenseite eines Vorderflügels, der über die glatte Schrillkante an der Außenseite des anderen Vorderflügels gezogen wird.

Spermatophore: von Männchen gebildetes Samenpaket, das bei der Paarung an das Weibchen übertragen wird.

Stammmutter: weibliche Blattlaus, die zu Beginn der Saison aus einem befruchteten überwinternden Ei schlüpft und sich in weiterer Folge ohne Befruchtung vermehrt; sie begründet ganze Generationen von Nachkommen.

Stigma: weibliches Fortpflanzungsorgan der Pflanze.

Superorganismus: eine Vielzahl von Individuen, die so stark kooperieren und arbeitsteilig organisiert sind, dass der gesamte Verband wie ein einzelner Organismus funktioniert.

Typus: ein Exemplar, das dem Erstbeschreiber einer Art bei der Beschreibung vorlag und das in der Wissenschaft als Referenz für die Art dient.

Unvollständige Entwicklung: Entwicklungsform bei Insekten, bei der das Jungtier bereits der geschlechtsreifen Form ähnelt. Im Verlauf mehrerer Häutungen unterscheidet es sich hauptsächlich in der Größe und dem Entwicklungsgrad bestimmter Strukturen. Bei der letzten Häutung werden schließlich die Flügel und die Geschlechtsorganen ausgebildet.

Urwaldreliktarten: Arten, die auf urwaldtypische Strukturen angewiesen sind, die dauerhaft in einem Lebensraum vorhanden sind.

Usurpation: Übernahme eines bereits bestehenden Nestes sozialer Arten durch eine fremde Königin.

Vollständige Entwicklung: Entwicklungsform, bei der der Übergang vom Larvenstadium zur geschlechtsreifen Form über ein Puppenstadium erfolgt, in dem der Körper wesentlich umgebaut wird (Metamorphose).

10 TIPPS

für einen insektenfreundlichen Garten

1. Blüten, Blüten, Blüten

Viele Insekten leben vom Nektar der Blüten, einige – allen voran Wildbienen – zusätzlich vom Pollen. Ein großer Blütenreichtum ist daher einer der wichtigsten Faktoren für eine hohe Insektenvielfalt im Garten. Ideal ist eine Pflanzenauswahl, bei der vom zeitigen Frühjahr bis in den späten Herbst durchgehend insektenfreundliche Pflanzen blühen.

Liste nektar- und pollenspendender Blüten

2. Heimische Pflanzen bevorzugen

Zwar werden auch viele Zierpflanzen von Insekten besucht, doch heimische Pflanzenarten sind besonders wertvoll. Sie fördern oft spezialisierte und seltene Insektenarten, die auf bestimmte Pflanzen angewiesen sind.

Insektenfreundliche Wildstauden und Gehölze

3. Offene Bodenstellen zulassen

Nicht jeder Quadratmeter muss bepflanzt oder gemulcht sein. Offene, sonnige Bodenstellen bieten wichtige Nistmöglichkeiten für bodennistende Insekten wie solitäre Grabwespen und Wildbienen. Auch Sandhaufen werden von vielen Arten gerne angenommen!

Anleitung Anlegen eines Sandariums

4. Totholz als Lebensraum anbieten

Totholz wird von vielen Insektenarten als Lebensraum geschätzt – ob stehend oder liegend, sonnig oder schattig. Es bietet vielen Arten Nahrung und Nistplätze. Großartig für Insekten und andere Lebewesen sind auch Benjeshecken!

5. Nisthilfen mit Bedacht einsetzen

Nisthilfen basteln

Nisthilfen sollten nicht wahllos im Baumarkt gekauft werden. Viele sind ungeeignet oder sogar schädlich, etwa wenn wegstehende Holzspäne Flügel verletzen können. Besser ist es, sie selbst nach fachkundigen Anleitungen zu bauen oder bei spezialisierten Anbietern zu bestellen.

6. Pflanzenstängel über den Winter stehen lassen

Große, markhaltige Pflanzen wie Distel, Karde, Königskerze oder Bärenklau dienen vielen Insekten als Winterquartier oder Kinderstube. Bitte erst im Frühjahr zurückschneiden – sie können kleines Leben enthalten, das erst im Frühjahr schlüpft.

7. Weniger mähen – mehr Vielfalt

„Faulheit" ist insektenfreundlich: Je seltener gemäht wird, desto mehr Blüten können entstehen. Ein gestaffeltes oder teilweises Mähen erhält Lebensräume und Nahrungsquellen.

8. Auf Gifte verzichten

Insektizide, Herbizide und andere chemische Mittel schaden nicht nur Schädlingen, sondern auch Nützlingen. Ein insektenfreundlicher Garten kommt ohne Chemiekeulen aus.

9. Nachts für Dunkelheit sorgen

Viele Insekten sind nachtaktiv und werden durch künstliches Licht gestört oder angelockt, bis sie erschöpfen. Beleuchtung sollte nach oben abgeschirmt sein und nur dort eingesetzt werden, wo sie wirklich nötig ist – idealerweise zeitlich begrenzt oder mit Bewegungsmelder.

10. Vielfalt schafft Vielfalt

Unterschiedliche Insektenarten haben sich an alle möglichen Lebensräume angepasst, die in der Natur vorkommen. Je vielfältiger ein Garten gestaltet ist und je höher sein Strukturreichtum – etwa durch Wiesen, Hecken, Stauden, Totholz, offene Bodenstellen oder Wasser – desto mehr Arten kann er beherbergen und dauerhaft unterstützen.

DANKSAGUNG

Allem voran möchte ich Katharina Kropshofer und dem FALTER.*morgen* danken, dass sie mir die Gelegenheit gegeben haben, all diese Geschichten zusammenzutragen. Ich habe viel dabei gelernt, und es hat mir große Freude bereitet. Katrin Vohland danke ich herzlich dafür, dass ich einen Teil der Arbeit an diesem Buch im Rahmen meiner Arbeitszeit am Naturhistorischen Museum erledigen durfte, sowie für das Korrekturlesen der ersten Texte.

Susanne Randolf und Sylvia Wanzenböck standen mir das ganze Jahr über mit Rat und Unterstützung zur Seite. Sylvia stellte darüber hinaus viele der Fotos für die Kolumne zur Verfügung, aus der dieses Buch hervorgegangen ist.

Wolfram Graf teilte sein umfangreiches Wissen über Köcher- und Steinfliegen mit mir – daraus sind zwei Texte entstanden. Auch von vielen weiteren Kolleg:innen erhielt ich großartige Anregungen für zu porträtierende Arten.

Ulrike Aspöck verwöhnte mich Woche für Woche mit ihren Rückmeldungen nach der gemeinsamen Lektüre meiner Texte mit Horst Aspöck. Auch die herzerwärmenden Briefe einiger Leser:innen waren sehr motivierend.

András Soskó danke ich dafür, dass er an meiner Seite durchs Leben geht, dass es in unserem Leben Raum gibt für all unsere Projekte und für die Gelassenheit, mit der er immer wieder geopferten Samstag- und Sonntagabenden begegnet.

Mein Dank gilt auch allen, die sich das ganze Jahr über auf die Porträts eingelassen haben, und allen, die sich mit diesem Buch auf die wunderbare Welt der Insekten einlassen. Und den Insekten selbst, die unsere Welt auf so vielfältige Weise bereichern, auch wenn wir es nur manchmal bemerken.

AUTORIN

Dominique Zimmermann

© András Sosko

Dominique Zimmermann, geboren 1981 in Wien, ist Wissenschaftlerin und Kuratorin für Bienen, Wespen und Ameisen im Naturhistorischen Museum Wien. Sie ist Mitverfasserin des Insektenmanifests, das im Rahmen des Kunstwerks „Walk of Insects“ des österreichischen Künstlers Edgar Honetschläger in 13 Bodenplatten vor der Universität für Bodenkultur verewigt ist. 2024 erschien ihr erstes Buch „Insektengeflüster – Über das verborgene Leben auf sechs Beinen“ im Leykam Verlag.

KURATORIN

Katharina Kropshofer

© Rafael Gareisen

leitet das Natur-Ressort der Wiener Wochenzeitung *FALTER* und schreibt dort hauptsächlich über Klima- und Umweltthemen. Davor war sie freischaffende Journalistin im Audio- und Printbereich (BBC, Ö1, Der Standard etc.). Sie hat Biologie und Wissenschaftsjournalismus in Wien und London studiert.

ILLUSTRATORIN

Silvia Ungersböck

© Stefan Dworak

1986 geboren und aufgewachsen in der Steiermark. Sie besuchte das College für Grafik- und Kommunikationsdesign in Wien und studierte an der Akademie der bildenden Künste bei Gunter Damisch und Christian Schwarzwald. Sie arbeitet als Künstlerin und Illustratorin in Wien und ist Mutter von zwei Kindern.

FALTER
VERLAG

50 WIENER BÄUME

Thomas Roth

Thomas Roth porträtiert die faszinierende Vielfalt an Baumarten, die Wien prägen. Von exotischen Raritäten bis hin zu alten, einheimischen Giganten: alles über die Herkunft, ihre Bedeutung für die Stadt und ihren oft überraschenden Besonderheiten.

192 Seiten, € 24,90

50 WIENER PFLANZEN

Birgit Lahner

Der ideale Guide um die vielfältige Pflanzenwelt Wiens neu zu entdecken. Mit Blick in die Vergangenheit, Bezügen zur aktuellen Forschung und überraschenden Anwendungstipps.

256 Seiten, € 29,90

faltershop.at | 01/536 60-928 | In Ihrer Buchhandlung